高校建筑环境与设备工程专业规划教材

环 境 工 程 施 工

李 钢 主 编
邱冬炜 副主编

中国建筑工业出版社

图书在版编目（CIP）数据

环境工程施工/李钢主编 . —北京：中国建筑工
业出版社，2015.9
高校建筑环境与设备工程专业规划教材
ISBN 978-7-112-17991-6

Ⅰ. ①环… Ⅱ. ①李… Ⅲ. ①环境工程—工程施工—
高等学校—教材　Ⅳ. ①X5

中国版本图书馆 CIP 数据核字（2015）第 064579 号

　　针对环境专业学生工程施工方向的基础课程开设少的专业特点，以培养环境工程
施工第一线需要的应用型人才为宗旨，根据环境专业的学时要求，编写了这本教材。
全书采取两段式组织编写，主要内容为环境工程测量、土方工程、混凝土结构工程、
砌筑工程、吊装工程、脚手架工程、管道的施工技术以及流水施工原理和网络计划
技术。

　　本书可供环境工程、环境科学、市政工程等专业的大中专院校师生学习参考
使用。

＊　　＊　　＊

　　责任编辑：张　磊　武晓涛
　　责任设计：李志立
　　责任校对：张　颖　陈晶晶

高校建筑环境与设备工程专业规划教材
环境工程施工
李　钢　主编　邱冬炜　副主编

＊

中国建筑工业出版社出版、发行（北京西郊百万庄）
各地新华书店、建筑书店经销
北京千辰公司制版
北京富生印刷厂印刷

＊

开本：787×1092 毫米　1/16　印张：10¼　字数：245 千字
2015 年 7 月第一版　2015 年 7 月第一次印刷
定价：**25.00** 元
<u>ISBN 978-7-112-17991-6</u>
（27201）

前　　言

《环境工程施工》是环境工程专业技术平台中的主干专业课程之一，是一门理论和实践相结合的课程，它在理论基础与工作实践之间起着重要的联系作用。

本书编写的目的是使学生在学完该课程后能对环境工程施工有所了解。根据作者近几年讲授环境工程施工课程的经验和体会，全书采用了两段式的编写方式，先讲授具体施工技术，后进行施工组织介绍，层次较清晰。为帮助学生提高学习效率和对工程施工有比较深入的认识，书中引入了课后思考题，使学生在学习本书之后可以进行练习。

本书讲义在河南工程学院环境类专业的本、专科生中试用多次，针对环境工程专业的教学要求，此次出版，作者进行了修改、整理和补充。本书第 2 章由北京建筑大学邱冬炜高级工程师编写，其余章节由河南工程学院李钢老师编写，河南工程学院王珏老师对全书进行文字编辑与校对。

感谢河南工程学院省级特色专业（No. 508206），河南工程学院博士基金项目（No. D2012003），河南省高等学校青年骨干教师资助项目（No. 2013GGJS-182），河南省科技厅科技发展计划科技攻关项目（No. 132102210462）和河南工程学院科技创新团队（No. CXTD2014005）资助了本书的编写。

本书在编写过程中参考了已出版的相关书籍、文献及部分网络资源，主要参考书目附于书后，在此编者向这些著作的作者表示衷心感谢！

感谢中国建筑工业出版社武晓涛、张磊两位编辑对本书的编写和出版所做的工作。

由于作者水平有限，书中不当之处与错误在所难免，恳请同行和读者批评指正。

2015 年元月于郑州

作者简介

李　钢

男，汉族，1978 年生人。中国矿业大学（北京）博士毕业，河南工程学院教师，副教授。

E-mail：gang_li333@126. com

邱冬炜

男，汉族，1978 年生人。北京交通大学博士毕业，北京建筑大学教师，硕士生导师，高级工程师，国家注册测绘师。

E-mail：qiudw@ bucea. edu. cn

目　录

5

1 绪 论

《环境工程施工》是一门实践性的专业学科，它需要工程技术人员掌握环境工程的理论知识，更需要掌握环境工程的施工技能。《环境工程施工》是环境工程专业工程技术平台课程中的主干课程之一，是一门重实践，而且理论和实践相结合的课程。在各类环境治理工程的建设中，如环境工程测量、土方工程施工、混凝土浇筑等，都需要执行国家统一的设计、施工及质量验收规范。因此本课程技术性较强。

本课程所学内容涉及建筑材料、工程测量、混凝土、给水排水管道、施工组织等课程的知识，以及国家现行规范、规程的规定和要求。因此，要学好本课程，首先应当掌握课程的基本知识，其次应坚持理论联系实际的学习方法，重视课堂，及时认知和学习有关规范和规程，把握施工技术发展的最新动态。

环境工程施工是环境污染治理工程实施的重要途径，提供学生在各类工程建设中需掌握的施工技术基本理论，基本方法和基本技能。通过本课程的学习旨在培养学生的工程能力，为学生从事环境工程的设计、施工、管理、工程监理、审计、工程预算、勘测等奠定基础。

1.1 工程施工规范体系介绍

建筑工程类的施工规范体系由"质量验收规范（强制）"、"施工工艺规程、指南（推荐）"和"评优标准（推荐）"共同构成。它们的功能如下：

1. 质量验收规范

质量验收规范是建设工程必须完成的最低质量要求，是施工单位必须达到的施工质量标准，也是建设单位、监理单位进行验收的依据，在整个规范体系中属于强制性的标准。

质量验收规范包括《建筑工程施工质量验收统一标准》GB 50300—2013、建筑工程各专业工程施工质量验收规范等共计 14 项规范。建筑工程各专业工程施工质量验收规范必须与该标准配套使用。好的施工企业在统一质量标准下（验收标准只规定"合格"一个质量等级），采用先进的施工技术、施工方法能够达到节约材料、降低造价的目的，在市场竞争中处于有利地位。

2. 施工工艺规程、指南

施工工艺指南包括施工技术规范、操作规范、施工工法等，是指导企业进行施工操作的推荐性标准或企业内控标准，是企业在统一"验收规范"尺度下进行竞争的基础。

施工技术类规范从 2002 年规范架构体系上已经进行了规划，但是为了对企业不加过多约束，而采用了"不求过程只求结果"的原则。近年来，根据建筑业发展需要和过程建设标准体系要求，住房和城乡建设部先后立项编制了混凝土结构、钢结构、砌体结构等方面的施工规范。目前，国家已发布实行了《混凝土结构工程施工规范》GB 50666—2011 和《钢结构工程施工规范》GB 50755—2012 两个施工技术规范。

操作规程是指行业、企业为了保证本部门生产、工作能够安全、稳定、有效地运转而制定的，相关人员在操作设备或办理业务时必须遵循的程序或步骤，如《钢筋焊接及验收规程》JGJ 18—2012、《钢筋机械连接技术规程》JGJ 107—2010 等。

建筑工法是以工程为对象，工艺为核心，运用系统工程的原理，把先进技术和科学管理结合起来，经过工程实践形成的综合配套的施工方法。工法是企业标准的重要组成部分，是企业开发应用新技术工作的一项重要内容，是企业技术水平和施工能力的重要标志，施工工法分为国家级、省级和企业级 3 个等级。

3. 评优标准

评优标准作为行业推荐性标准，主要为企业施工水平提供评价依据，鼓励企业创造优质工程。评优标准是政府、行业协会及社会中介机构对工程评定优质工程的准绳，如鲁班奖、国家优质工程奖等。

1.2 课程中的几个概念

单位工程是指具备独立施工条件并能形成独立使用功能的建筑物及构筑物。对于建筑规模较大的单位工程，可将其能形成独立使用功能的部分作为一个子单位工程。

分部工程是单位工程的组成部分，可按专业性质、工程部位或特点、功能、工程量确定；当分部工程较大或较复杂时，可按材料种类、工艺特点、施工程序、专业系统及类别等将分部工程划分为若干子分部工程。

分项工程是分部工程的组成部分，由一个或若干个检验批组成，按主要工种、材料、施工设备类别等进行划分。

1.3 施工质量验收规范中的有关术语

1. 建筑工程质量（quality of building engineering）

反映建筑工程满足相关规定或合同约定的要求，包括其在安全、使用功能及耐久性能、环境保护等方面所有明显和隐含能力的特定总和。

2. 验收（acceptance）

建筑工程在施工单位自行质量检查评定的基础上，参与建设活动的有关单位共同对检验批、分项、分部、单位工程的质量进行抽样复验，根据相关标准以书面形式对工程质量达到合格与否做出确认。

3. 进场验收（site acceptance）

对进入施工现场的材料、构配件、设备等按照相关标准规定要求进行检验，对产品达到合格与否做出确认。

4. 检验批（inspection lot）

按同一的生产条件或按规定的方式汇总起来供检验用的，由一定数量样本组成的检验体。

5. 检验（inspection）

对检验项目的性能进行量测、检查、试验等，并将结果与标准规定要求进行比较，以确定每项性能是否合格所进行的活动。

6. 见证取样检测（evidential testing）

在监理单位或建设单位的监督下，由施工单位有关人员进行现场取样，并送至具备相应资质的检测单位所进行的检测。

7. 交接检验（handing over inspection）

由施工的承接方与完成方经过双方检查并就可否继续施工做出确认的活动。

8. 主控项目（dominant item）

建筑工程中对安全、卫生、环境保护和公众利益起决定性作用的检验项目。

9. 一般项目（general item）

除主控项目以外的检验项目。

10. 抽样检验（sampling inspection）

按照规定的抽样方案，随机地从进场的材料、构配件、设备或建筑工程检验项目中，按检验批抽取一定数量的样本所进行的检验。

11. 观感质量（quality of appearance）

通过观察和必要的量测所反映的工程外在质量。

12. 强制性条文（mandatory provisions）

强制性条文是指直接涉及人民生命财产安全、人身健康、环境保护和其他公众利益的必须严格执行的强制性规定，并考虑了保护资源、节约投资、提高经济和社会效益等政策要求。规范中的强制性条文用黑体字表示。

课后思考题

1. 本课程的性质、任务是什么？
2. 单位工程、分部工程、分项工程的概念是什么？
3. 建筑工程类的施工规范体系由哪几部分构成？它们之间有何关系？

2 环境工程测量

2.1 环境工程测量概述

环境工程测量（Environmental engineering surveying）是在环境工程建设的规划、设计、施工和运营阶段，用测绘技术所进行的各种测定和测设工作。测绘技术是一门应用科学，它是以数学、物理学、空间科学、电子信息技术、计算机技术、光电技术、通信技术为基础，以电子测角测距（DADS）、全球卫星导航定位（GNSS）、遥感（RS）、地理信息系统（GIS）为技术核心，应用测量手段实现工程建设中的空间定位、地形信息获取、施工测设和变形监测等工作。

测量工作贯穿于整个环境工程建设的全过程，它是直接为环境工程建设的勘测、规划、设计、施工、安装、竣工及运营管理等一系列工程工序提供服务的。其主要任务与工作内容有：

1. 环境工程规划、设计阶段

主要任务是工程勘测。通过提供精确的空间位置数据和各种比例尺地形图为工程规划和设计服务，并为工程地质勘探、水文地质勘探提供辅助测量。

2. 环境工程施工、运营阶段

主要任务是施工测量、监理测量和安全监测。施工测量是将环境工程设计位置标定在实地现场，作为施工的依据，主要进行施工控制网布设作为定线放样的基础，提供施工与构件安装的测设，并进行竣工测量等工作。监理测量是检查并审核环境工程施工坐标数据，以确保工程质量，主要进行控制网复测、施工放样检测、施工质量抽查等工作。安全监测是对施工结构物的变形进行监测、机理解释和预测预报等工作。

环境工程测量应遵循的基本原则是"从整体到局部、先控制后细部、由高级到低级、步步有检核"。在测量的次序上是"从整体到局部、先控制后细部"，在测量的精度上是"由高级到低级"。即先进行整体的控制测量，然后进行局部的细部测定与测设，这样可以减少测量误差的积累，保证细部测定与测设的精度。另外为保证测量成果的可靠性，防止测量工作的错误发生，实行"两级检查、一级验收"制度，对测量过程实施"步步检核"。

2.2 环境工程测量基准

2.2.1 坐标系统

测量的基础在于确定地面特征点在特定参考框架中的位置，要确定某地面点的空间位置，通常是求出该点相对于某空间参考系的坐标。任何与地理空间位置相关的测绘都必须以国家法定的测量基准为参考系，才能获得统一、唯一、正确的空间位置关系和尺度。我国在20世纪50年代和80年代完成的全国天文大地网，分别建立了"1954北京坐标系"和"1980西安坐标系"两种坐标系统。于2008年7月1日，启用了"2000国家大地坐标系"，这是一种原点位于地球质量中心的坐标系统（地心坐标系）。采用地心坐标系，有利于采用现代空间技术对坐标系进行维护和更新，快速、高精度测定控制点的三维坐标，并提高测图工作效率。下面介绍环境工程测量常用的坐标系。

1. 大地坐标系

大地坐标系采用大地经度（L）、大地纬度（B）和大地高（H）表示空间点位相对于椭球面的位置。如图2-1所示，P点的大地经度L_P是指过P点的大地子午面与起始子午面（0度经线所在的子午面）所夹的两面角；大地纬度B_P是指过P点的椭球面法线与赤道面的交角；大地高H_P是指从P点做法线到椭球面的距离。

大地坐标系的原点位于参考椭球中心，是参心坐标系。"1954北京坐标系"和"1980西安坐标系"是我国法定的大地坐标系。

2. 空间直角坐标系

空间直角坐标系的原点在地心，X轴位于起始子午面与赤道的交线上，赤道面上与X轴正交的方向为Y轴，Z轴为地球自转轴且指向北极，从而构成右手规则坐标系。如图2-2所示。地面点P的空间位置用三维直角坐标（x_P，y_P，z_P）表示。

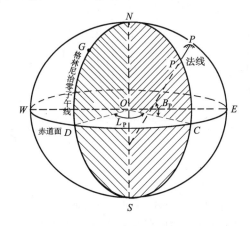

图2-1　大地坐标系

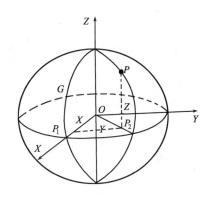

图2-2　空间直角坐标系

20世纪80年代中后期，日臻成熟的卫星大地测量技术尤其是全球卫星导航定位技术几乎取代了传统的测量手段，成为便捷和高效地获取地面点高精度地心坐标的重要手段，为国家采用地心坐标系提供了现实的技术和方法。同时，全球卫星导航定位技术的推广和应用，使各行业和部门对采用地心坐标系提出了迫切的需求。为了适应国民经济和科学技术发展的需要，世界上许多发达国家和地区逐渐采用地心坐标系，如美国、加拿大、欧洲、墨西哥、澳大利亚、新西兰、日本、韩国等。我国2000国家大地坐标系（CGCS2000）的定义：原点为地球的质量中心，Z轴由原点指向历元2000.0的地球参考极的方向，该历元的指向由国际时间局给定的历元为1984.0的初始指向推算，X轴由原点指向格林尼治参考子午线与地球赤道面（历元2000.0）的交点，Y轴与Z轴、X轴构成右手正交坐标系。

3. 测量平面直角坐标系

对于环境工程测量来说，测量的测设、计算、绘图一般是在平面上进行。但是地球表面是一个不可延展的曲面，将球面上的点位化算到平面上，称为地图投影。投影会产生变形，投影变形有长度变形、角度变形和面积变形 3 种。对于这些变形，任何投影方法都不能全部消除，而只能使其中一种变形为零，其余变形控制在一定范围内。对于测量工作来说，保持角度不变是最重要的，这是因为角度不变就意味着在小范围内的图形是相似的。这种角度保持不变的投影又称为正形投影。目前，我国采用高斯—克吕格（Gauss-Kruger）正形投影，简称高斯投影。我国的测量平面直角坐标系采用高斯平面直角坐标系。

高斯投影的方法是将一个椭圆柱横套在地球椭球体外面，并与某一条子午线（中央子午线）相切，椭圆柱的中心轴通过地球中心，将中央子午线两侧一定经差范围内的地区投影到椭圆柱面上，再将此柱面展开即成为投影面。在这个平面上，中央子午线与赤道成为相互垂直的直线，分别作为高斯平面直角坐标系的纵轴（X 轴）和横轴（Y 轴），X 轴正向指北，Y 轴正向指东，两轴的交点 O 为坐标的原点，如图 2-3 所示。

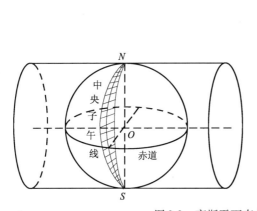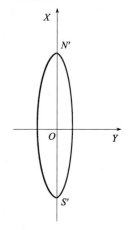

图 2-3　高斯平面直角坐标系

2.2.2　高程系统

高程基准定义了陆地高程测量的起算基准，一般用验潮站的长期平均海水面来确定，定义该平均海水面的高程为零。我国法定高程系统是采用"1985 国家高程基准"，以青岛验潮站验潮计算的黄海平均海水面作为高程基准面，并在青岛市观象山设立了国家水准原点，水准原点的高程为 72.2604m。

我国高程系统采用正常高系统，地面点到大地水准面的铅垂距离称为高程。图 2-4 中 A、B 两点的高程分别为 H_A、H_B。

在局部地区，有时需要假定一个高程起算面（水准面），地面点到该水准面的铅垂距离称为相对高程。如图 2-4 所示，A、B 点的相对高程分别为 H'_A、H'_B。建筑施工常以建筑物地面层的设计地坪为高程零点，其他部位的高程均相对于地坪而言，称为标高。标高属于相对高程。

地面上两点间高程之差称为高差，用 h 表示。如图 2-4 所示，A、B 两点间的高差为：

$$h_{AB} = H_B - H_A \tag{2-1}$$

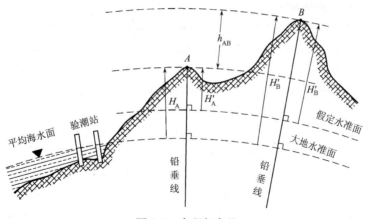

图 2-4　高程与高差

2.3　环境工程测量方法

环境工程测量的核心工作是测定和测设。测定是指使用测量方法和测量仪器，确定空间点的位置坐标数据，或者测绘成地形图。测设（又称为放样）是指把图纸上设计好的建筑物或构筑物标定于实地。测定和测设方法的基础是高程测量、角度测量和距离测量，一般将高差（h）、角度（α）、距离（D）称为三项定位元素。待定点（B）的坐标（X_B，Y_B，H_B）可以根据已知点（A）的坐标（X_A，Y_A，H_A），通过测量出 A、B 间的高差 h_{AB}、水平距离 D_{AB}、坐标方位角 α_{AB} 来推算得出。

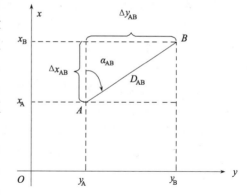

$$H_B = H_A + h_{AB} \qquad (2\text{-}2)$$
$$X_B = X_A + D_{AB} \times \cos \alpha_{AB} \qquad (2\text{-}3)$$
$$Y_B = Y_A + D_{AB} \times \sin \alpha_{AB} \qquad (2\text{-}4)$$

2.3.1　高程测量

高程测量（Height measurement），是指测定地球表面上点的高程。一般是通过测量两点之间的高差，然后根据已知点的高程，得到待求点的高程。因此，高程测量主要是高差的测量，是确定地面点位空间位置的三个基本要素之一。高程测量是测量中一个重要的环节，也是测量的基本工作之一。高程测量按照使用的仪器和作业的方法不同，可以分为几何高程测量（Geometrical leveling）、物理高程测量（Physical leveling）、全球定位系统高程测量（GPS leveling）。

几何高程测量主要有水准测量（Leveling）和三角高程测量（Trigonometric leveling）两种方法。（1）水准测量是一种精度较高、应用较广的高程测量方法。它是利用水准仪和几何原理来直接测定高差，广泛应用于国家或地区的各级高程控制测量，是精密测量点位高程的最主要的方法。（2）三角高程测量是一种快速、简便的测定高差的方法，它是利用经纬仪（或全站仪）和三角学原理来测定高差。该方法基本不受地形条件的制约，高程传递迅速，但精度比水准测量低。主要用于山区或者不适宜开展水准测量的地区。

物理高程测量主要有气压高程测量（Barometric leveling）、声波高程测量（Sonic leveling）、雷达高程测量（Radar leveling）和液体静力水准测量（Hydrostatic leveling）。（1）气压高程测量是一种利用测量大气压力来获得高程的方法，它的高程测量精度较低。常常制作成气压高度计（Pressure altimeter，Barometric altimeter）广泛应用于徒步旅行和攀登的高程测量以及飞行器的高程测量。（2）声波高程测量是一种利用高频声波来测量高程的方法。1931 年美国空军和通用电气公司合作研制成功了第一台声波测高计（Sonic altimeter），主要应用于飞行器的高程测量，通过飞行器向地面发射和接收高频声波，来测量两者之间的距离，从而计算出高程。声波高程测量的精度和可靠性优于气压高程测量，可以在浓雾或者雨天的环境下进行高程测量。（3）雷达高程测量是一种利用电磁波来测量高程的方法，该方法的测量精度较高，且具有全天候、全天时的特点，不受雾、云和雨的影响。雷达测高计（Radar altimeter）已经广泛应用于各类飞行器的高度测量。目前星载和机载合成孔径雷达测高技术可以快速、高精度的获取地面的高程。（4）液体静力水准测量是一种利用连通器原理测量高程的方法，主要应用于测量局部地面点高程的变化。将装满液体的容器用连通管连接，通过光学方法或传感器测量每个测点容器内液面的相对变化，从而得到各测点间相对高程的变化。

全球定位系统（Global Positioning System）高程测量是利用 GPS 信号接收机和 GPS 卫星直接测定点的高程的方法。通过同时接收四颗及以上 GPS 卫星的信号，利用空间距离交会的原理，来确定接收机的高程。该方法施测简便，受地形的影响较小，可以高精度的获取地面点位的大地高，应用广泛。

环境工程测量主要应用水准测量和全站仪三角高程测量的方法。

2.3.1.1 水准测量原理

水准测量所用来测量两点之间高差的仪器，称为水准仪（Level）。水准测量的原理是利用水准仪提供的水平视线，在两根直立的带有分划的尺子（称为水准尺，Leveling staff，Leveling rod）上读数，来求得两立尺点间的高差，然后根据已知点的高程，推算出待测点的高程。

如图 2-5 所示，已知地面上 A 点的高程是 H_A，待测点 B 的高程为 H_B。水准测量的前进方向是从 A 到 B。在 A、B 两点上各竖立一根水准尺，水准仪安置在三脚架上被放置于两点之间。利用水准仪所提供的水平视线在后视点 A 的水准尺上读数为 a（称为后视读数），在前视点 B 的水准尺上读数为 b（称为前视读数），则从已知点 A 到待测点 B 的高差 h_{AB} 为后视读数减去前视读数：

$$h_{AB} = a - b \tag{2-5}$$

式中 h_{AB} 表示从 A 点至 B 点的高差，因此可知 $h_{AB} = -h_{BA}$。如果后视读数大于前视读数即 $a > b$，则高差为正 $h_{AB} > 0$，表示 B 点比 A 点高，从 A 至 B 是上坡。如果后视读数小于前视读数即 $a < b$，则高差为负 $h_{AB} < 0$，表示 B 点比 A 点低，从 A 至 B 是下坡。

已知 A 点的高程是 H_A，在测得 A、B 两点间高差 h_{AB} 后，则待测点 B 的高程 H_B 为：

$$H_B = H_A + h_{AB} \tag{2-6}$$

将公式（2-5）代入公式（2-6），得到：

$$H_B = H_A + (a - b) \tag{2-7}$$

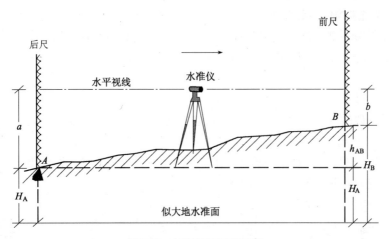

图 2-5　水准测量原理示意

如图 2-6 所示，已知地面上 A 点的高程是 H_A，欲求得 B 点的高程 H_B。如果 A、B 两点相距较远或者高差较大，安置一次水准仪不能测出两点高差 h_{AB}，则在两点之间加设若干个临时的立尺点（TP_1，TP_2，……，TP_n），作为高程的传递点（称为转点，Turning point）。则从 A 至 B 沿着前进方向，依次连续设站观测，测出各站的高差：

$$h_1 = a_1 - b_1$$
$$h_2 = a_2 - b_2$$
$$……$$
$$h_n = a_n - b_n$$

将上式求和，则：

$$h_{AB} = \sum_{i=1}^{n} h_i = \sum_{i=1}^{n} a_i - \sum_{i=1}^{n} b_i \tag{2-8}$$

$$H_B = H_A + h_{AB} = H_A + \sum_{i=1}^{n} h_i \tag{2-9}$$

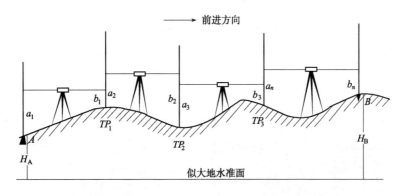

图 2-6　高差法水准测量示意

由此可见，起点（A）至终点（B）的高差等于各测站高差之和，还等于所有后视读数之和减去前视读数之和。常常用此来检核高差计算的正确性。

2.3.1.2 水准测量的仪器和工具

水准测量所用的主要仪器为水准仪（Level），工具有三脚架（Tripod）、水准尺（Leveling staff, Leveling rod）和尺垫（Leveling rod turning plate）。

1. 水准仪

水准仪是通过提供一条水平视线来测量两点之间高差的仪器。水准仪是在 17 世纪发明了望远镜后出现的（见图 2-7），在 18 世纪发明了水准器后逐渐得到完善（见图 2-8）。20 世纪初，在研制出内调焦望远镜和符合水准器的基础上生产出微倾式水准仪（Tilting level）。50 年代初出现了自动安平式水准仪（Automatic level），60 年代出现了激光水准仪（Laser level），90 年代出现了数字水准仪（Digital level）。

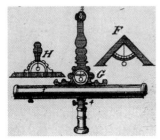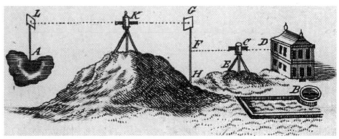

图 2-7　早期的水准测量示意图

图 2-8　早期的水准仪

国产微倾式水准仪按其精度分，有 DS_{05}、DS_1、DS_3 及 DS_{10} 等几种型号。其中"D"表示大地测量，"S"表示水准仪，05、1、3 和 10 表示水准仪精度等级，分别是每千米往返测高差中数的中误差为 $\pm 0.5mm$、$\pm 1.0mm$、$\pm 3.0mm$、$\pm 10.0mm$。在工程建设中，使用最多的普通水准仪是 DS_3 型微倾式水准仪（见图 2-9）。微倾式水准仪主要由望远镜、水准器、基座三部分组成，其各组成部件的名称在图 2-10 中标示。

图 2-9　DS_3 型微倾式水准仪

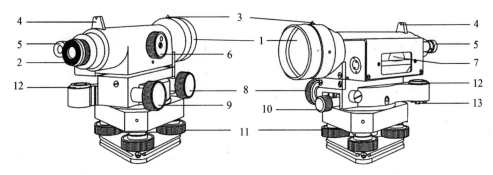

图 2-10　DS₃ 型微倾式水准仪的主要构造

1—物镜；2—目镜；3—准星；4—照门；5—符合气泡观察镜；6—物镜调焦螺旋；7—管水准器；8—水平微动螺旋；
9—微倾螺旋；10—水平制动螺旋；11—脚螺旋；12—圆水准器；13—圆水准器校正螺丝

随着光、机、电技术的发展，陆续产生多种新式水准仪，例如自动安平水准仪（Automatic level）（见图 2-11）、数字水准仪（Digital level）（见图 2-13）、激光水准仪（Laser level）（见图 2-14）等。这些新式水准仪的推出和应用有效地减轻了水准测量外业工作的劳动量，提高了生产效率。

自动安平水准仪（见图 2-11）是通过补偿器（Compensator）来保证水准视线水平的。如图 2-12 所示，自动安平水准仪不需要考虑望远镜的精确水平状态，和微倾式水准仪的区别在于没有水准管和微倾螺旋。因此自动安平水准仪比微倾式水准仪的精平操作更加容易和快捷。

图 2-11　自动安平水准仪

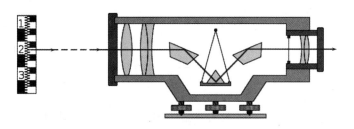

图 2-12　自动安平水准仪结构示意

数字水准仪（Digital level），又称为电子水准仪（Electronic level），是一种通过自动读取水准尺上条码刻度来进行水准测量的仪器设备（见图 2-13）。数字水准仪是在仪器望远镜光路中增加了分光镜和光电探测器（CCD 阵列）等部件，采用图像处理系统构成光、机、电及信息存储与处理的一体化水准测量设备。

图 2-13　数字水准仪

激光水准仪（Laser level）是一种在光学水准仪上安装激光发射装置，以可视激光束代替水平视线的水准仪。它可与配有光电接收靶的水准尺配合进行水准测量。与光学水准仪相比，激光水准仪具有测程长、水平视线可视等特点。激光水准仪不仅可以同光学水准仪一样进行水准测量工作，而且施工测量中常常利用可视的激光建立水平线或水平面。

图 2-14　激光水准仪

2. 三脚架

三脚架主要由架头、三条支撑腿和中心连接螺旋构成，其主要作用是支撑和安置测绘仪器，如图 2-15 所示。三脚架按照材质分类可以分为木质、钢质、铝合金、高强塑料材质、碳纤维等多种。现在水准仪三脚架多由木质和铝合金制成，其优点是重量较轻、坚固、稳定性较好。

图 2-15　三脚架

3. 水准尺

水准尺是进行水准测量时与水准仪配合使用的标尺（见图 2-16）。水准尺多由木质、玻璃钢、铝合金等材料制成。用于精密水准测量的水准尺多是铟钢水准尺（Invar leveling staff），又称为因（钢）瓦水准尺、钢瓦合金水准尺等，其结构是由热膨胀系数很小的因瓦合金（镍铁合金，其成分为镍 36%、铁 63.8%、碳 0.2%）制成带有高精度刻划的铟钢尺，并按自由状态固定在木质或铝合金的尺框内。水准尺长度一般从 2m 到 5m 不等，构造有直尺、塔尺、折尺等形式。塔尺可以伸缩，折尺可以折叠，这两种水准尺运输方便，便于携带，但是接头处容易损坏，影响尺长精度。在较高精度的水准测量中一般采用直尺。直尺分为单面水准尺和双面水准尺两种。

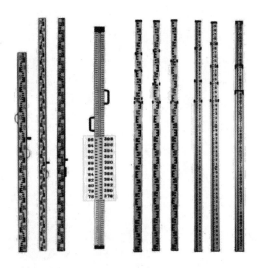

图 2-16　水准尺

4. 尺垫

在水准测量中，为了减少水准尺的下沉，常用尺垫作为转点使用。尺垫一般由生铁铸成，顶面中央有一半球体，用于放置水准尺。下方有 3 个脚，可以踏入土中。如图 2-17 所示。

图 2-17　尺垫

2.3.1.3　水准测量的等级

按照《工程测量规范》GB 50026—2007 中规定，高程测量精度等级的划分，按照从高到低依次为：一等、二等、三等、四等、五等，共 5 个等级。各等级高程测量宜采用水准测量，四等及以下等级可采用三角高程测量，五等也可采用 GPS 拟合高程测量。前 4 个等级的水准测量和国家水准网的等级划分（一等、二等、三等、四等）是一一对应的。五等水准测量也称为等外水准测量或者普通水准测量。

2.3.1.4　三角高程测量

三角高程测量（Trigonometric leveling），是通过观测两点间的距离（水平距离或斜距）和竖直角，求定两点间高差的方法。三角高程测量观测方法简单，不受地形条件限制，适用于地形起伏较大的地区进行高程测量，可以代替四等及以下等级的水准测量。根据测量距离方法的不同，三角高程测量可以分为电磁波三角高程测量、经纬仪三角高程测量。

已知 A 点的高程为 H_A，用三角高程测量的方法得出 A、B 两点之间的高差 h_{AB}，从而

获得 B 点的高程 H_B。如图 2-18 所示，在 A 点安置仪器（经纬仪、全站仪），在 B 点安置觇标（或水准尺、棱镜）。分别量取仪器高 i、目标高 v，测出竖直角 α，斜距 S（或平距 D）。根据三角形原理，可知：

$$h_{AB} = D \times \tan \alpha + i - v = S \times \sin \alpha + i - v \tag{2-10}$$

B 点的高程 $H_B = H_A + h_{AB}$。

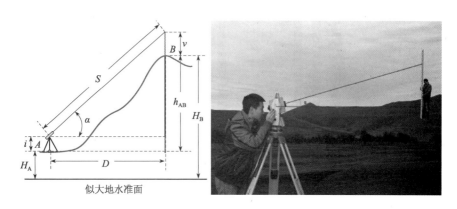

图 2-18　三角高程测量

2.3.2　角度测量和距离测量

角度和距离测量是获取地面点位平面坐标和进行测设放样的基本方法。在环境工程测量中，测角和测距是测量的主要工作内容。

2.3.2.1　角度测量原理

角度测量是测量定位的三项基本工作之一，包括水平角测量和竖直角测量。水平角用于计算点位的平面坐标，竖直角用于计算高差。地面上一点到两目标的方向线投影到水平面上的夹角，称为水平角。如图 2-19 所示，A、O、B 为地面上高程不同的 3 个点，沿铅垂线方向投影到水平投影面 P 上，得到相应 a'、O、b' 点，则水平投影线 Oa' 与 Ob' 构成的夹角 β，称为地面方向线 OA 与 OB 两方向线间的水平角。

为了测定水平角的大小，设想在 O 点铅垂线上任一处 O' 点水平安置一个带有顺时针均匀刻划的水平度盘，通过右方向 OA 和左方向 OB 各作一铅垂面与水平度盘平面相交，在度盘上截取相应的读数 a 和 b，则水平角 β 为右方向读数 b 减去左方向读数 a，即 $\beta = b - a$。

在同一竖直面内，地面某点至目标的方向线与水平视线间的夹角，称为竖直角，也称为垂直角，竖直角的取值是 $0° \sim \pm 90°$。如图 2-20 所示，目标 B 的方向线在水平视线的上方，竖直角为仰角；目标 A 的方向线

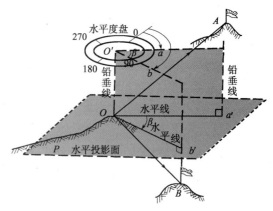

图 2-19　水平角测量

在水平视线的下方，竖直角为俯角。同水平角测量一样，竖直角的角度值也是利用垂直安置并带有均匀刻划的竖直度盘上的目标方向和水平方向的读数差值表示。测量竖直角时，只需要瞄准目标，读取竖直度盘读数，就可以计算出竖直角。

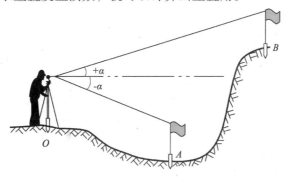

图 2-20　竖直角测量原理

2.3.2.2　角度测量仪器

常用的角度测量仪器是经纬仪。经纬仪按测角原理的不同分为光学经纬仪（见图 2-21）与电子经纬仪（见图 2-22）。

图 2-21　光学经纬仪

图 2-22　电子经纬仪

经纬仪按精度从高到低划分为 DJ_{07}、DJ_1、DJ_2、DJ_6 等级别，其中"D"、"J"分别为"大地测量"和"经纬仪"的汉语拼音的第一个字母，下标数字表示仪器的精度，即一测回水平角观测值的中误差（单位为秒）。

当前进行角度测量主要采用电子经纬仪、全站仪等电子测角仪器，测角方法是装有电子扫描度盘，在微处理机控制下实现自动化数字测角。其光电度盘一般分为两大类：（1）编码度盘：一组排列在圆形玻璃上具有相邻的透明区域或不透明区域的同心圆上刻得编码所形成的编码度盘（见图 2-23）；（2）光栅度盘：在度盘表面上一个圆环内刻有许多均匀分布的透明和不透明等宽度间隔的辐射状栅线的光栅度盘（见图 2-24），光栅度盘是利用莫尔干涉条纹效应来实现测角的。将两密度相同的光栅相叠，并使它们的刻划相互倾斜一个很小的角度，这时会出现明暗相同的条纹，即莫尔条纹。

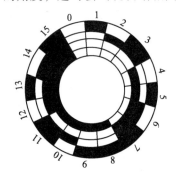

图 2-23　编码度盘

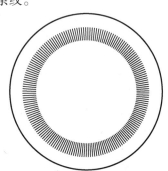

图 2-24　光栅度盘

测角时，在光电度盘的上下对应位置上安装光源、测角传感器等设备（见图 2-25），使其随照准部相对于光电度盘转动，可由测角传感器获得转动的角度值。

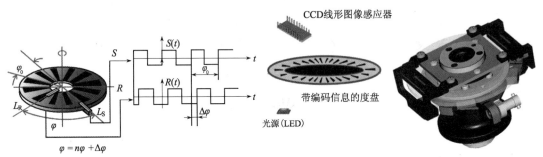

图 2-25　电子测角原理

2.3.2.3　距离测量

为了确定地面点的平面位置，需确定两地面点间水平距离，故距离测量是测量的基本工作之一。根据所使用的测量仪器和方法的不同，距离测量可分为：钢尺量距、电磁波测距等。

钢尺量距是利用经检定的钢尺直接量测地面两点间的距离。其基本步骤有直线定线、尺段丈量和成果计算。钢尺量距的工具主要有钢尺、标杆、测钎和垂球。精密量距时，还需要有弹簧秤、温度计。钢尺是钢制的带尺，宽 10～15mm，厚 0.2～0.4mm，长度有

20m、30m、50m 等几种，卷放在圆形盒内或金属架上。钢尺的基本分划为厘米，最小分划为毫米，在米和分米处有数字注记，如图 2-26 所示。

钢尺量距劳动强度大、效率低，在复杂地形环境下较难开展工作。为了提高测距速度和精度，20 世纪 60 年代初，随着激光技术的出现及电子与计算机技术的发展，各种类型的光电测距仪相继出现（见图 2-27）。90 年代出现了将测距仪和电子经纬仪组合为一体的全站型电子速测仪，即全站仪（见图 2-28）。它可以同时测量角度和距离，经内部程序计算还可得到平距、高差、坐标增量等，并能自动显示在液晶屏上。

图 2-26　钢尺量距

图 2-27　光电测距仪　　　　　　　　　　　　图 2-28　全站仪

电磁波测距（Electro-magnetic Distance Measuring，简称 EDM）是用电磁波（光波或微波）作为载波传输测距信号，以测量两点间距离的一种方法。用无线电微波作载波的测距仪称为微波测距仪，用光波作载波的测距仪称为光电测距仪。无线电微波和光波都属于电磁波，所以统称为电磁波测距仪。

光电测距仪按其光源不同分为普通光测距仪、激光测距仪和红外测距仪。按测定载波传播时间的方式不同分为脉冲式测距仪和相位式测距仪。按测程不同又可分为短程、中程和远程测距仪。按其精度不同分为 I、II、III 3 个级别。电磁波测距仪在环境工程测量中应用较为广泛。

电磁波测距是通过测量光波在待测距离上往返一次所经历的时间，来计算两点之间的距离的。如图 2-29 所示，在 A 点安置光电测距仪，在 B 点安置反射棱镜，测距仪发射的调制光波到达反射棱镜后又返回到测距仪。设光速 c 为已知，如果调制光波在待测距离 D 上的往返传播时间为 Δt，则距离 D 的计算式为：

$$D = \frac{1}{2}c \times \Delta t \qquad (2-11)$$

光电测距的方法分为脉冲法和相位法两种。

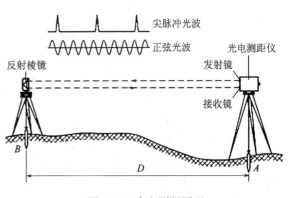

图 2-29　光电测距原理

1. 脉冲法测距

脉冲法测距是指由测距仪的发射系统发出光脉冲，经反射棱镜反射后，又回到测距仪而被其接收系统接收，测出这一光脉冲往返所需时间间隔，进而求得距离。由于脉冲计数器的频率所限，所以测距精度只能达到 0.5～1m。此法常用在激光雷达、微波雷达等远距离测距上。

2. 相位法测距

相位法测距是将发射光波的光强调制成正弦波的形式，通过测量正弦光波在待测距离上往返传播的相位移来解算距离。红外测距仪就是典型的相位式测距仪。

2.3.3 全站仪测量

全站仪是由电子测角、光电测距、微型机及其软件组合而成的智能型光电测量仪器。世界上第一台商品化的全站仪是 1971 年西德 OPTON 公司生产的 Reg Elda14。全站仪的基本功能是测量水平角、竖直角和斜距，借助于机内固化的软件，具有多种测量功能，如可以计算并显示平距、高差及三维坐标，进行偏心测量、悬高测量、对边测量、面积测算等。其结构如图 2-30 所示。

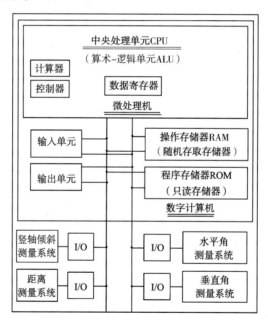

图 2-30　全站仪结构

全站仪具有以下特点：

（1）三同轴望远镜

在全站仪的望远镜中，照准目标的视准轴、光电测距的红外光发射光轴和接收光轴三者是同轴的，其光路如图 2-31 所示。因此，测量时只要用望远镜照准目标棱镜中心，就能同时测定水平角、竖直角和斜距。

（2）键盘操作

全站仪都是通过操作面板键盘输入指令进行测量的，键盘上的键分为硬键和软键两种，每个硬键有一个固定功能，或兼有第二、第三功能；软键（一般为 $\boxed{F1}$、$\boxed{F2}$、$\boxed{F3}$、$\boxed{F4}$）的功能通过屏幕最下一行相应位置显示的文字来实现，在不同的菜单下，软键具有不同的功能。

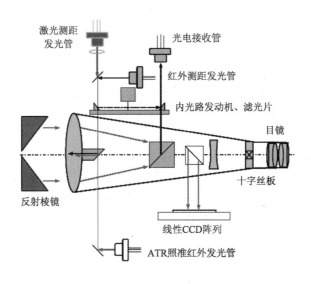

图 2-31　全站仪望远镜的光路

（3）数据存储与通信

全站仪一般都带有可以存储观测数据的内存，有些配有 CF 卡、SD 卡等来增加存储容量，仪器设有一个标准的 RS-232C 通信接口，使用专用电缆可以实现全站仪与计算机的双向数据传输。

（4）电子倾斜传感器

为了消除仪器竖轴倾斜误差对角度测量的影响，全站仪上一般设有电子倾斜传感器，当它处于打开状态时，仪器能自动测出竖轴倾斜的角度，据此计算出对角度观测的影响，并自动对角度观测值进行改正。双轴补偿的电子传感器可以同时修正水平角和竖直角。

随着光、机、电技术的发展，全站仪逐渐具备了更多的功能，包括防抖照准技术、多目标跟踪技术、视频采集技术、激光扫描技术等。图 2-32 为几款多功能全站仪。

图 2-32　多功能全站仪

2.3.4　全球导航卫星定位测量

全球导航卫星系统（Global Navigation Satellite System）的英文缩写是 GNSS，它是所有卫星导航定位系统的统称，目前包括美国的 GPS 系统、俄罗斯的 GLONASS 系统、欧盟的 Galileo 系统和我国的 Compass（北斗）系统。GNSS 测量技术的主要特点有：（1）观测站之间无需通视。GNSS 测量虽不要求观测站之间相互通视，但必须保持观测站的上空开阔（净空），以使接收 GNSS 卫星的信号不受干扰。（2）定位精度高。GNSS 测量可以达到毫米级的相对定位精度。（3）观测时间短。GNSS 快速定位只需要几秒钟就可以实现坐标采集。（4）提供三维坐标。GNSS 测量，在精确测定观测站平面位置的同时，可以精确测定观测站的大地高程。

GNSS 定位的基本原理为空间距离交会。如图 2-33 所示，太空中的卫星轨道是已知的，即任一时刻任一颗卫星的空间坐标（X、Y、Z）是固定值。地面上的卫星测量接收机接收卫星信号，测量出卫星至接收机间的距离。通过同时观测 3 颗卫星实现 3 个距离圆的交会，计算出地面点位的三维坐标。然后观测第 4 颗卫星，进行时间的改正，从而获得地面点位的精确坐标。

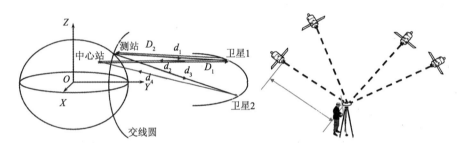

图 2-33　GNSS 测量原理

目前 GPS 测量技术已经广泛应用于环境工程测量，GPS 作业模式按照基准点的不同，可分为绝对定位、相对定位；按照天线的状态，可分为静态定位、动态定位。其中静态相对定位测量主要用于建立施工控制网，实时差分定位（Real Time Kinematic，简称 RTK）测量用于地面点位坐标的快速采集。GPS 接收机如图 2-34 所示。

图 2-34　GPS 接收机

课后思考题

1. 环境工程测量的任务和主要工作内容有哪些?
2. 测量在环境工程施工中的重要性有哪些?
3. 城市环境工程施工采用的平面坐标系和高程系有哪些?
4. 环境工程测量工作中三项定位元素分别是什么?
5. 简述水准测量的基本原理。
6. 什么是水平角和竖直角?
7. 光电测距的方法有哪两种?

3 土方工程

3.1 概述

土方工程是各类工程施工项目开始的第一道工序。土方工程包括一切土的挖掘、填筑和运输等过程以及排水、降水、土壁支撑等准备工作和辅助工程。在工程中，最常见的土方工程有：场地平整、基坑（槽）开挖、地坪填土、路基填筑及基坑回填土等。

土方工程施工具有工程量大、劳动繁重和施工条件复杂等特点，其不可确定的因素也较多，有时施工条件特别复杂。因此，在组织土方工程施工前应制定出技术可行、经济合理的施工设计方案。

土方工程的施工设计应注意以下 6 点：

（1）摸清施工条件，选择合理的施工方案及施工机械。

（2）合理调配土方，使总施工量最小。

（3）合理组织机械施工，发挥最高施工效率。

（4）切实做好道路、排水、降水、土壁支撑等准备及辅助工作。

（5）合理安排施工计划，尽量避开冬、雨季施工。

（6）制定合理可行的措施确保工程质量与安全。

3.1.1 土的分类

土的分类繁多，其分类法也很多，可以按照土的沉积年代、颗粒级配、密实度、液性指数分类等。在土木工程施工中，按土的开挖难易程度将土分成 8 类（见表 3-1），其中 1~4 类为土，5~8 类为岩石。土的开挖难易程度直接影响土方工程的施工方案、劳动量消耗和工程费用。土越硬，劳动量消耗越多，工程成本越高。

土的工程分类

表 3-1

土的分类	土的名称	土的密度（t/m³）	开挖方法
1 类土（松软土）	砂土、粉土、冲积砂土层、疏松的种植土、淤泥（泥炭）	0.5~1.5	用锹、锄头挖掘，少许用脚蹬
2 类土（普通土）	粉质黏土、潮湿的黄土；粉土混卵石；种植土、填土等	0.11~0.6	用锹、锄头挖掘，少许用镐翻松
3 类土（坚土）	软及中等密实黏土；重粉质黏土、砾石土；干黄土、粉质黏土；压实的填土等	1.75~1.9	主要用镐，少许用锹、锄头，部分用撬棍
4 类土（砂砾坚土）	坚硬密实的黏土或黄土；粗卵石；软泥灰岩等	1.9	主要用镐，少许用撬棍、锄头
5 类土（软石）	硬质黏土；中密的页岩、灰泥岩、白垩土；胶结不紧的砾岩等	1.1~2.7	用镐、撬棍、大锤挖掘，部分使用爆破

土的分类	土的名称	土的密度（t/m³）	开挖方法
6类土（次坚石）	泥岩、砂岩、砾岩等	2.2～2.9	爆破，部分用风镐
7类土（坚石）	大理石；辉绿岩等	2.5～3.1	爆破
8类土（特坚石）	安山岩；玄武岩等	2.7～3.3	爆破

3.1.2　土的物理性质

土是由固体颗粒、水和气体3部分构成的复合体。组成土的这3部分之间的不同比例，反映土的各种不同状态，它对评价土的物理、力学性质有重要意义。要研究土的物理性质，就必须掌握土的3个组成部分的比例关系。表示这3部分之间的关系的指标，称为土的物理性质。

1. 土的体积 V

$$V = V_w + V_a + V_s = V_v + V_s \tag{3-1}$$

式中　V_w——水的体积；

V_s——土颗粒的体积；

V_a——气体体积；

V_v——孔隙的体积。

2. 土的质量 M

$$M = M_w + M_s \tag{3-2}$$

式中　M_w——水的质量；

M_s——土颗粒的质量。

3. 土的密度 ρ

$$\rho = \frac{M}{V} \tag{3-3}$$

式中，各符号的含义同前。

4. 土的重度 γ

$$\gamma = \rho g \tag{3-4}$$

式中　g——重力加速度；

其余符号含义同前。

5. 土的干重度 γ_d

$$\gamma_d = (M_s/V) g \tag{3-5}$$

式中，各符号的含义同前。

6. 饱和重度 γ_{sat}

$$\gamma_{sat} = [(M_w + M_s + V_a \times \rho_w)/V] g \tag{3-6}$$

式中，各符号的含义同前。

7. 有效重度 γ'

$$\gamma' = \gamma_{sat} - \rho_w g = \gamma_{sat} - \gamma_w \tag{3-7}$$

式中，各符号的含义同前。

8. 孔隙比 e

$$e = (V_v/V_s) \times 100\% \tag{3-8}$$

式中，各符号的含义同前。

9. 孔隙率 n

$$n = (V_v/V) \times 100\% \qquad (3\text{-}9)$$

式中，各符号的含义同前。

10. 饱和度 S_t

$$S_t = (V_w/V_v) \times 100\% \qquad (3\text{-}10)$$

式中，各符号的含义同前。

11. 土的含水量 W

土中水的质量与土颗粒质量之比。

$$W = M_w/M_s \qquad (3\text{-}11)$$

式中，各符号的含义同前。

12. 土的渗透性

土体孔隙中的自由水在重力作用下会透过土体运动，土体的这种被水透过的性质称为土的渗透性。一般以渗透系数 K 表示。

13. 土的可松性

土具有可松性，即自然状态下的土，经过开挖后，组织被破坏，其体积松散增大，以后虽经回填压实，仍不能恢复为原来状态的体积。土的可松性程度使用可松性系数 K_s 和 K'_s 表达，即：

$$K_s = \frac{V_2}{V_1} \qquad (3\text{-}12)$$

$$K'_s = \frac{V_3}{V_1} \qquad (3\text{-}13)$$

式中　K_s——最初可松性系数；

　　　K'_s——最终可松性系数；

　　　V_1——土在天然状态下的体积；

　　　V_2——土经过开挖后的松散体积；

　　　V_3——土经回填压实后的体积。

3.1.3　土的可松性的应用

土方工程量一般是以自然状态体积计算，所以在土方调配、计算土方机械生产率及运输工具数量等的时候，需要考虑土的可松性。比如：在土方施工中，土的最初可松性用来计算土方施工机械及运土车辆等参数，土的最终可松性是计算场地平整标高及填方时所需挖土量的参数。

3.2　场地标高设计

工程项目在建设施工前通常需要确定场地设计平面，进行场地平整。场地平整就是将自然地面改造成人们所要求的平面。场地设计标高应满足规划、生产工艺及运输、排水及最高洪水位等要求，并力求使场地内土方挖填平衡且土方量最小。

3.2.1 场地平整前的准备工作

场地平整前需做好以下准备工作：

（1）了解施工现场技术资料。在组织施工前，施工单位要充分了解施工现场的地形、地貌，掌握原有地下管线或构筑物的竣工图、土方施工图以及工程地质、水文地质、气象条件等技术资料。

（2）场地清理。将施工区域内的建筑物和构筑物、管道、沟坑等进行清理。对影响工程质量的树根、垃圾、草皮等进行清除。

（3）地面水排除。在施工区域内设置排水设施，一般采用排水沟、截水沟等，临时性排水设施应尽量与永久性排水设施综合考虑。尽可能利用自然地形设置排水沟，使水直接排至场外或流向低洼处。沟的横断面尺寸可根据当地实际气象资料，按照施工期内的最大排水量确定。排水沟的边坡坡度应根据土质和沟深确定。

（4）修建临时道路、临时设施。

（5）制定冬、雨期施工措施。如土方工程的施工期中有冬季或雨季，在编制施工组织设计时应制定冬季、雨期土方工程施工安全、质量与进度的保证措施。如雨季的防洪、土方边坡稳定，冬期施工的冻土开挖、填方等措施。

3.2.2 场地平整的一般施工工艺程序

现场勘察→消除地面障碍物→标定整平范围→设置水准基点→设置方格网，测量标高→计算土石方挖填工程量→平整土石方→场地碾压→验收。

3.2.3 场地平整的施工顺序

1. 先平整后开挖

即先进行场地平整，后开挖建筑物、构筑物的基坑和地下管道的沟槽。适用于场地挖、填方量较大的工地。

2. 先开挖后平整

即先开挖建筑物、构筑物的基坑或地下管线的沟槽，后进行场地平整。这样可以加快工程的施工进度，适用于地形较平坦的施工现场。

3. 平整与开挖相结合

即根据工程特点和现场具体条件将场地划分为若干施工段，分别进行场地平整和基坑、沟槽的开挖。适用于工期紧迫或场地地形复杂的工程。

3.2.4 场地设计标高确定的两种方法

一般方法：如场地比较平缓，对场地设计标高无特殊要求，可按照"挖填土方量相等"的原则确定场地设计标高。最佳设计平面：应用最小二乘法的原理，不但可满足土方挖填平衡，还可做到土方的总工程量最小。

1. 一般方法

（1）计算原则

将场地划分成边长为 a（一般为 10m、20m、30m 等）的若干方格，并将方格网点的原地形标高标在图上，如图3-1（a）所示。原地形标高可进行实地测量或者利用等高线使用插入法求得，这里不再做叙述。

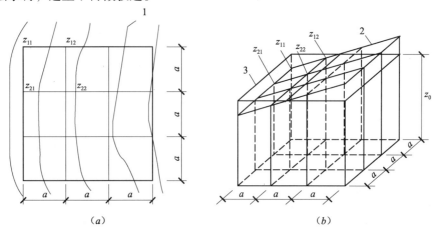

图3-1　一般方法计算示意
（a）划分方格网并编号；（b）设计标高示意
1—等高线；2—自然地面；3—设计平面

按照挖填土方量相等的原则（见图3-1（b）），场地设计标高可按公式（3-14）计算：

$$na^2z_0 = \sum_{i=1}^{n}\left(a^2\frac{z_{i1}+z_{i2}+z_{i3}+z_{i4}}{4}\right) \tag{3-14}$$

由公式（3-14）整理得到公式（3-15）：

$$z_0 = \frac{1}{4n}\sum_{i=1}^{n}(z_{i1}+z_{i2}+z_{i3}+z_{i4}) \tag{3-15}$$

角点的标高在计算过程中被应用的次数（P_i）反映了各角点标高对计算结果的影响程度，即"权"。考虑各角点标高的"权"，公式（3-15）可改写成更便于计算的形式：

$$z_0 = \frac{1}{4n}\left(\sum z_1 + 2\sum z_2 + 3\sum z_3 + 4\sum z_4\right) \tag{3-16}$$

（2）设计标高调整

设计标高的调整主要是泄水坡度的调整，由于按公式（3-16）得到的设计平面为一水平的挖填方相等的场地，而实际施工的场地是需要考虑排水，有一定的泄水坡度的。因此，应根据泄水要求计算出实际施工时所采用的设计标高。

以 Z_0 作为场地中心的标高（见图3-2），则场地任意点的设计标高为：

$$z'_i = z_0 \pm l_x i_x \pm l_y i_y \tag{3-17}$$

（3）施工高度计算

求得 Z'_i 后，即可按公式（3-18）计算各角点的施工高度 H_i，施工高度的含义是该角点的

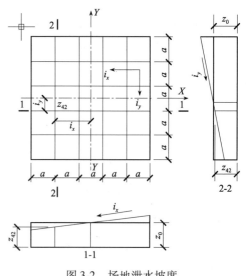

图3-2　场地泄水坡度

设计标高与原地形标高的差值：

$$H_i = z'_i - z_i \tag{3-18}$$

若 H_i 为正值，则该点为填方；若 H_i 为负值，则该点为挖方。

2. 最佳设计平面

最佳设计平面即设计标高满足规划、生产工艺及运输、排水及最高洪水位等要求，并做到场地内土方挖填平衡，且挖填的总土方工程量最小。

（1）设计原理

任何一个平面在空间直角坐标体系中都可以用 3 个参数 c，i_x，i_y 来确定，如图 3-3 所示。

在这个平面上任何一点 i 的标高 z'_i，可以根据公式（3-19）求出：

$$z'_i = c + x_i i_x + y_i i_y \tag{3-19}$$

式中　x_i——i 点在 x 方向的坐标；

　　　y_i——i 点在 y 方向的坐标。

与前述相似，将场地划分成方格网，并将原地形标高 z_i 标于图上，设最佳设计平面的方程式为（3-19），则该场地方格网角点的施工高度为：

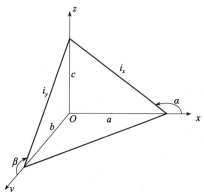

图 3-3　平面的空间位置表示

$$H_i = z'_i - z_i = c + x_i i_x + y_i i_y - z_i \quad (i = 1, 2, 3, \cdots, n) \tag{3-20}$$

由土方量计算公式可知，施工高度之和与土方工程量成正比。由于施工高度有正、负之分，当施工高度之和为零时，则表明该场地土方的填挖平衡，但当它正负相抵后，就不能反映出填方、挖方的工作量。为了不使施工高度正负相互抵消，则把施工高度平方之和再相加，则其总和就能反映土方工程填挖绝对值之和的大小。需要说明的是，在计算施工高度总和时，应考虑方格网各点施工高度在计算土方量时被应用的权重 p_i，令 σ 为土方施工高度之平方和，则：

$$\sigma = \sum_{i=1}^{n} p_i H_i^2 \tag{3-21}$$

将公式（3-20）代入公式（3-21），得

$$\sigma = p_1(c + x_1 i_x + y_1 i_y - z_1)^2 + p_2(c + x_2 i_x + y_2 i_y - z_2)^2 + \cdots + p_n(c + x_n i_x + y_n i_y - z_n)^2$$

当 σ 的值最小时，该设计平面既能使土方工程量最小，又能保证填挖方量相等。这就是用最小二乘法求设计平面的方法。

（2）计算方法

为了求得 σ 最小时的设计平面参数 c，i_x，i_y，可以对上式的 c，i_x，i_y，分别求偏导数，并令其为 0，于是得：

$$\frac{\partial \sigma}{\partial c} = \sum_{i=1}^{n} p_i(c + x_i i_x + y_i i_y - z_i) = 0$$

$$\frac{\partial \sigma}{\partial i_x} = \sum_{i=1}^{n} p_i x_i(c + x_i i_x + y_i i_y - z_i) = 0$$

$$\frac{\partial \sigma}{\partial i_y} = \sum_{i=1}^{n} p_i y_i(c + x_i i_x + y_i i_y - z_i) = 0$$

经过整理，可得下列方程：

$$[P]c + [Px]i_x + [Py]i_y - [Pz] = 0$$

$$[Px]c + [Pxx]i_x + [Pxy]i_y - [Pxz] = 0$$

$$[Py]c + [Pxy]i_y + [Pyy]i_y - [Pyz] = 0$$

式中：

$$[P] = P_1 + P_2 + \cdots + P_n$$

$$[Px] = P_1x_1 + P_2x_2 + \cdots + P_nx_n$$

$$[Pxx] = P_1x_1x_1 + P_2x_2x_2 + \cdots + P_nx_nx_n$$

$$[Pxy] = P_1x_1y_1 + P_2x_2y_2 + \cdots + P_nx_ny_n$$

其余类推

解联立方程组，可求得最佳设计平面的 3 个参数 c，i_x，i_y。然后即可根据方程（3-20）算出各角点的施工高度。

应用上述方程时，若已知 c 或 i_x 或 i_y 时，只要把这些已知值作为常数代入，即可求得该条件下的最佳设计平面。

3.2.5 设计标高的调整

实际工程中，对计算所得的设计标高，还应考虑下述因素进行调整，这些工作要在完成土方量计算后进行。

（1）需要考虑土的最终可松性，要相应提高设计标高，以达到土方量的实际平衡。

（2）考虑工程余土或工程用土，相应提高或降低设计标高。根据实际情况进行经济比较，如场外取土或弃土的施工方案，由此引起土方量的变化，就需要将设计标高进行调整。场地设计平面的调整工作是十分繁重的，一旦修改设计标高，则须重新计算土方工程量。

3.3 土方工程量的计算

在土方工程施工之前，通常要计算土方工程量。但土方工程的外形往往复杂，不规则，要得到精确的计算结果很困难。一般情况下，都将其假设或划分成为一定的几何形状，并采用具有一定精度而又和实际情况近似的方法进行计算。

3.3.1 基坑（槽）和路堤的土方量计算

基坑（槽）和路堤的土方量可按拟柱体体积公式计算（见图3-4）。

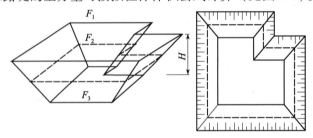

图 3-4 基坑土方量计算

$$V = (F_1 + 4F_2 + F_3)H/6 \qquad (3\text{-}22)$$

3.3.2　场地平整土方量

3.3.2.1　计算步骤

（1）场地设计标高确定后，求出平整的场地各角点的施工高度 H_i。

（2）确定"零线"的位置。确定了"零线"的位置就可以了解整个场地的挖、填区域分布状态。

（3）按每个方格角点的施工高度算出填、挖土方量，并计算场地边坡的土方量，这样即得到整个场地的填、挖土方总量。

3.3.2.2　零线的确定方法

零线即挖方区与填方区的交线，在该线上施工高度为零。零线的确定方法是：在相邻角点施工高度为一挖一填的方格边线上，用插入法求出零点（0）的位置（见图3-5），将各相邻的零点连接起来即为零线。

方格中土方量的计算有两种方法："四方棱柱体法"和"三角棱柱体法"。

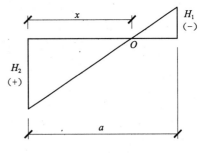

图 3-5　零点计算示意

3.3.2.3　四方棱柱体的体积计算方法

四方棱柱体的体积计算方法分两种情况：

（1）方格4个角点全部为填或全部为挖，如图3-6（a）所示。

$$V = \frac{a^2}{4}(H_1 + H_2 + H_3 + H_4) \qquad (3\text{-}23)$$

（2）方格4个角点，部分是挖方，部分是填方，如图3-6（b）和图3-6（c）所示。

$$V_{填} = \frac{a^2}{4}\frac{(\sum H_{填})^2}{\sum H} \qquad (3\text{-}24)$$

$$V_{挖} = \frac{a^2}{4}\frac{(\sum H_{挖})^2}{\sum H} \qquad (3\text{-}25)$$

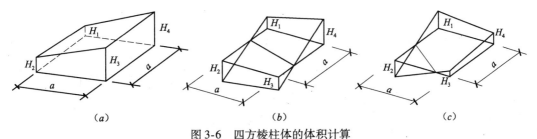

（a）　　　　　　　　（b）　　　　　　　　（c）

图 3-6　四方棱柱体的体积计算

（a）角点全填或全挖；（b）角点二挖二填；（c）角点一填（挖）三挖（填）

3.3.2.4　三角棱柱体的体积计算方法

计算时先把方格网顺地形等高线，将各个方格划分成三角形，如图3-7所示。

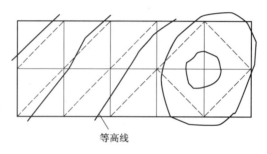

等高线

图 3-7 按地形将方格划分成三角形

三角形的三角点的填挖施工高度，用 H_1，H_2，H_3 表示。

三角棱柱体的体积计算方法也分两种情况：

（1）三角形 3 个角点全部为挖或为填，如图 3-8（a）所示。

$$V = \frac{a^2}{6}(H_1 + H_2 + H_3)$$ (3-26)

（2）三角形 3 个角点有填有挖时，零线将三角形分成两部分，一个是底面为三角形的锥体，一个是底面为四边形的楔体，如图 3-8（b）所示。

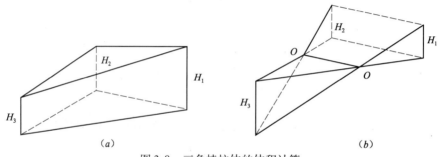

（a）   （b）

图 3-8 三角棱柱体的体积计算

（a）全填或全挖；（b）锥体部分为填方

其中，锥体部分的体积为：

$$V_{锥} = \frac{a^2}{6} \frac{H_3^3}{(H_1 + H_3)(H_2 + H_3)}$$ (3-27)

楔体部分的体积为：

$$V_{楔} = \frac{a^2}{6} \Big[\frac{H_3^3}{(H_1 + H_3)(H_2 + H_3)} - H_3 + H_2 + H_1 \Big]$$ (3-28)

式中，H_1，H_2，H_3 分别为三角形各角点的施工高度（m），其中 H_3 指的是锥体顶点的施工高度。

3.3.3 土方调配

土方调配在土方工程量计算完成以后进行。一般是指在土方施工中对挖土和填土之间的关系进行综合协调处理，确定填、挖区土方调配的数量和方向，力求使土方总运输量最小或施工成本最低。其遵循的原则如下：

（1）遵循填、挖方量平衡和总运输量最小原则。遵循该原则即可降低工程成本。如果在局部场地内难以满足要求，可以结合实际情况，在场地附近就近取土或弃土，以便使土方调配方案更为经济合理。

（2）考虑近期施工与后期利用相结合的原则。即当施工分期进行时，先期工程的土方欠额或余额可以考虑后期工程的挖方或填方数量。

（3）土方工程施工中对质量较好的土料，尽量回填到对填方质量要求较高的地区。

（4）遵循与大型地下建筑施工相吻合的原则。

（5）在布置填方和挖方区时，要选择合适的调配方向、路线以使各种土方施工机械的工作效率能充分发挥。

总之，进行土方调配时，必须根据工程和现场情况、有关技术资料与进度要求、土方施工方法与运输方法，综合考虑上述几条原则，经过计算比较，选择经济合理的最佳调配方案。土方调配通常以线性规划理论为基础进行。

3.4 土方工程的准备与辅助工作

3.4.1 土方工程施工前的准备工作

土方工程施工前应做好下述准备工作：

（1）学习和审查图纸。

（2）查勘施工现场，摸清工程场地情况，收集施工需要的各项资料为施工规划和准备提供可靠的资料和数据。

（3）编制施工方案，研究制定场地整平、基坑开挖施工方案；绘制施工总平面布置图和基坑土石方开挖图；提出机具、劳动力计划。

（4）三通一平。

（5）排除地面水。

（6）材料、机具及土方机械的进场。

（7）测量、放线。

（8）做好设备调配和维修工作，准备工程用料，调配工程施工技术、管理和作业人员；制定技术岗位责任制和技术、质量、安全、环境管理网络；对拟采用的土方工程新机具、新工艺、新技术、新材料，组织力量进行研制和试验。做好土方的辅助工作（如边坡稳定、基坑（槽）支护、降低地下水等）。

对"三通一平"的说明：（1）平整施工场地；（2）修通道路；（3）通水。施工现场的通水，包括给水和排水两个方面；（4）通电。现场用电包括生产用电和生活用电两部分；（5）其他。除了以上的"三通"外，有些施工项目的施工中，还要求具备"通热"（供蒸汽）、"通气"（供煤气或天然气）、"通网"（互联网）等条件。

3.4.2 边坡稳定

土方边坡坡度系数等于高度 H 与其底宽度 B 之比。边坡可以做成直线形、折线形或阶梯形（见图 3-9）。

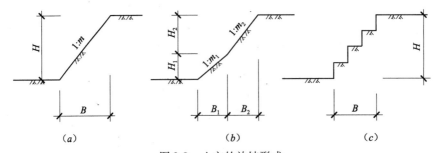

图 3-9　土方的放坡形式

（a）直线形；（b）折线形；（c）阶梯形

$$土方边坡坡度 = \frac{H}{B} = \frac{1}{\dfrac{B}{H}} = \frac{1}{m} \tag{3-29}$$

式中，$m = B/H$，称为坡度系数。

当地下水水位低于基底，在湿度正常的土层中开挖基坑或管沟时，如敞露时间不长，在一定限度内可挖成直壁不加支撑。

工程中边坡的稳定性是用其稳定安全系数 K 表示的，其定义如下：

$$K = \frac{T}{S} \tag{3-30}$$

式中　T——土体滑动面上的抗剪强度；

　　　S——土体滑动面上的剪应力。

若 $K > 1$，表示边坡稳定；若 $K = 1$，表示边坡处于极限平衡状态；若 $K < 1$，表示边坡处于不稳定状态。

边坡失稳的原因分析：

施工中除应正确确定边坡外，还要进行护坡，以防边坡发生滑动、失稳。

引起土体下滑力增加的因素主要有：（1）坡顶荷载，包括堆物、行车等；（2）自重增加，通常是由雨水或地面水渗入土中引起；（3）地下水渗流产生的动水压力增加；（4）由裂缝中的积水产生侧向静水压力。引起抗滑力（土体抗剪强度）降低的因素主要是：（1）降雨造成土质松软；（2）润滑作用，由土体内含水量增加引起；（3）饱和的细砂、粉砂受振动引起的土体振动液化。

3.4.3　降　水

开挖基坑或者沟槽时，有时候会遇到地下水，若不及时排除，不仅影响正常施工，还会造成地基承载力降低或者边坡坍塌事故。因此，施工排水是非常重要的。施工排水可分成排除地面水和降低地下水位两类。

1. 排除地面水

为了保证土方施工顺利进行，对施工现场的排水系统应有规划，要做到场地排水畅通，尤其是在雨期施工时，要尽快将地面水排走。在施工区域内考虑临时排水系统时，应注意与原排水系统相适应。

地面水的排除通常可采用设置排水沟、截水沟或修筑土堤等设施来进行。

设置排水沟要尽量利用自然地形，以便将水直接排至场地外，或流至低洼处再用水泵抽走。一般排水沟的横截面不小于$0.5m \times 0.5m$，纵向坡度应根据地形确定，一般不应小于3%，平坦地区不小于2%，沼泽地区可降低至1%。

在山坡地区施工时，应在较高一面的山坡上，先做好永久性截水沟，或设置临时截水沟，阻止山坡水流入施工现场。在平坦地区施工时，除开挖排水沟外，必要时还要修筑土堤，以阻止场外水流入施工场地。

出水口应设置在远离建筑物或构筑物的低洼地，以保证排水畅通。

2. 降低地下水位

在基坑开挖过程中，当基底低于地下水位时，由于土的含水层被切断，地下水会不断地渗入坑内。雨期施工时，地面水也会不断流入坑内。如不采取降水措施会造成施工条件恶化，易塌方，使地基的承载力下降。当遇有承压含水层时基底还可能被冲溃破坏。

降低地下水位的方法主要有集水井降水法、井点降水法等。

（1）集水井降水

集水井降水也称基坑排水，是指在基坑开挖过程中，在基坑底设置集水井，井在基坑底四周或中央开挖排水沟，使水流入集水井内，然后用水泵抽走的一种施工方法（见图3-10）。

当基坑开挖较浅，可采用集水井降水法；当基坑开挖深度较大，如采用了止水帷幕，基坑内降水也多采用集水井降水法。如果降水深度较大，止水措施有限或者土层为软土、粉砂地区时，宜采用井点降水法降水，同时局部辅助以集水井降水。

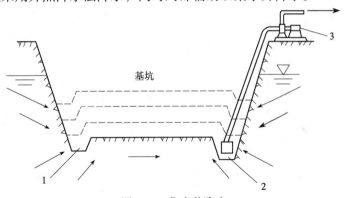

图3-10　集水井降水
1—排水沟；2—集水井；3—水泵

（2）井点降水

1）井点降水是人工降低地下水位的一种方法。人工降低地下水位是指基坑开挖前，在基坑周围预先埋设一定数量的滤水管，在基坑开挖前和开挖过程中，利用抽水设备不断抽出地下水，使地下水位降到坑底以下，直至土方和基础工程施工结束。这样，可使基坑挖土始终保持干燥状态，从根本上消除流砂现象。同时，由于土层水分排出后，还能使土密实，增加了地基土的承载能力；在基坑开挖时，土方边坡也可陡些，从而减少挖方工作量。

2）井点降水分类：轻型井点、喷射井点、电渗井点、管井井点以及深井井点等。其中以轻型井点应用较广。

轻型井点设备由管路系统和抽水设备组成。管路系统包括滤管、井点管、弯联管和集水总管。如图3-11所示。

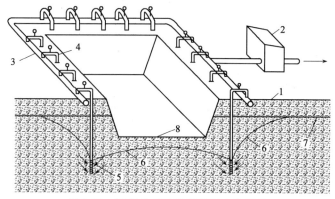

图 3-11 轻型井点法降低地下水位示意

1—自然地面；2—水泵；3—集水总管；4—井点管；5—滤管；6—降水后水位；7—原地下水水位；8—基坑地面

轻型井点的布置方法如下：

①平面布置。当基坑或沟槽宽度小于 6m，水位降低深度不超过 5m 时，可采用单排线状井点布置在地下水流的上游一侧。如宽度大于 6m 或土质不良，渗透系数大时，宜采用双排布置，面积较大的基坑可以使用环状井点布置。如图 3-12 所示。

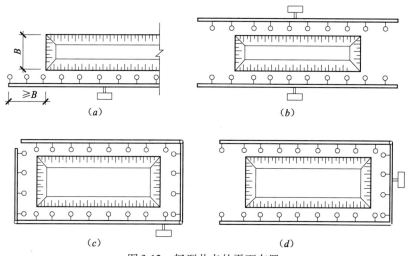

图 3-12 轻型井点的平面布置

（a）单排布置；（b）双排布置；（c）环形布置；（d）U 型布置

②高程布置。在考虑到抽水设备的水头损失以后，井点降水深度一般不超过 6m。井点管的埋深 h（不包括滤管）（见图 3-13）按公式（3-31）计算：

$$h \geqslant h_1 + \Delta h + iL \tag{3-31}$$

式中　h —— 井点管埋深，m；

　　　h_1 —— 总管埋设面至基底的距离，m；

　　　Δh —— 基底至降低后的地下水位的距离，m；

　　　i —— 水力坡度；

　　　L —— 井点管至水井中心的水平距离，当井点管为单排布置时，L 为井点管至对边坡角的水平距离，m。

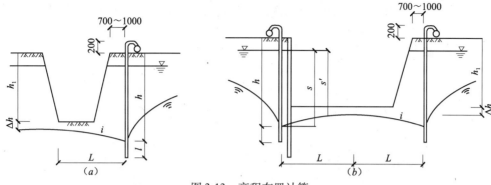

图 3-13　高程布置计算

（a）单排井点；（b）双排、U 型或环形井点

3.4.4　土方开挖注意事项

（1）大型挖土机工作及降低地下水位时，注意观察附近已有建（构）筑物、管线，有无沉降和移位。

（2）发现文物或古墓，妥善保护并及时报请当地有关部门处理，妥善处理后，方可继续施工。

（3）挖掘发现地下管线应及时通知有关部门来处理。如发现测量用的永久性标桩或地质、地震部门设置的观测孔等也应加以保护或事先取得原设置或保管单位的书面同意。

（4）支撑应挖好一层支撑一层，严禁一次挖好后再支撑。

（5）要经常检查支撑和观测邻近建筑物的情况，如发现有支撑松动、变形、位移等情况，应及时加固或更换。

3.5　土方开挖与填筑

土方工程的施工涉及土方开挖、运输、填筑等。目前多采用机械施工。土方工程施工的主要施工机械简介如下。

3.5.1　土方机械

3.5.1.1　推土机

推土机是场地平整施工的主要机械之一，它是在履带式拖拉机上安装推土板等工作装置而成的机械，可以独立完成铲土、运土及卸土等作业。按行走机构的形式可分为履带式（见图 3-14）和轮胎式两种。推土机操纵灵活，运转方便，所需工作面较小、行驶速度快、易于转移，能爬 30°左右的缓坡，因此，应用范围较广。

推土机适用于开挖一、二、三类土。多

图 3-14　履带式推土机

用于平整场地，开挖深度不大的基坑，移挖作填，回填土方，堆筑堤坝以及配合挖土机集中土方、修路开道等。

3.5.1.2 铲运机

铲运机是一种能综合完成全部土方施工工序（挖土、装土、运土、卸土和平土）的机械。按行走方式分为自行式铲运机（见图3-15）和拖式铲运机（见图3-16）两种。按铲斗的操纵系统又可分为机械操纵和液压操纵两种。

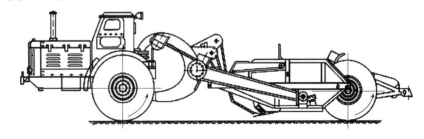

图 3-15　自行式铲运机

图 3-16　拖式铲运机

铲运机操作灵活，不受地形限制，不需特设道路，生产效率高。在土方工程中常被用于大面积场地平整，开挖大型基坑、沟槽以及填筑路基、堤坝等工程。最适宜铲运含水量不大于27%的松土和普通土，但不适宜在砾石层、冻土及沼泽区工作，当铲运三、四类较坚硬的土壤时，宜用推土机助铲或选用松土机械配合把土翻松以提高生产率。自行式铲运机的经济运距为800～1500m。拖式铲运机的运距以600m为宜，当运距为200～300m时效率最高。

3.5.1.3 挖掘机

挖掘机按行走方式分为履带式和轮胎式两种。按传动方式分为机械传动和液压传动两种。按工作装置不同分为正铲、反铲、抓铲和拉铲机械传动挖掘机。使用较多的是正铲与反铲。挖掘机利用土斗直接挖土，因此也称为单斗挖土机。在土木工程施工中，单斗挖掘机可挖掘基坑、沟槽，清理和平整场地。更换工作装置后还可以进行装卸、起重、打桩等作业任务，是土木工程施工中很重要的机械设备之一。

正铲挖掘机挖掘能力大，能挖掘坚硬土层，易于控制开挖尺寸，如图3-17所示。正铲挖掘机适用于开挖停机面以上的土方，前进向上，强制切土。适用于开挖一、二、三、四类土和经爆破的岩石及冻土。正铲开挖方式根据开挖路线与汽车相对位置的不同分为正向开挖、侧向装土以及正向开挖、后方装土两种。

图 3-17　正铲挖掘机

反铲挖掘机适用于开挖一、二、三类砂土或黏土，如图 3-18 所示。主要用于开挖停机面以下的土方，后退开进，铲土设备向下切土。一般反铲最大挖土深度为 4～6m，经济合理的挖土深度为 3～5m。反铲也需要配备运土汽车进行运输。反铲的开挖方式可以采用沟端开挖：反铲停在沟端，后退挖土，向沟一侧弃土或装汽车运走；也可以采用沟侧开挖：即反铲停于沟侧，沿沟边开挖，可将土弃于距沟较远的地方。

拉铲挖土机（见图 3-19）的特点是：铲斗悬挂在钢丝绳下不用刚性斗柄，借铲斗自重切入土中，开挖深度及半径较大，但不如反铲灵活，开挖精确性差，适用于开挖停机面以下的一、二类土，可用于开挖大而深的基坑或水下挖泥，一般直接弃土于附近。拉铲挖土机的作业方式与反铲挖土机相同，有沟端开挖和沟侧开挖两种。

图 3-18　反铲挖掘机

图 3-19　拉铲挖掘机

抓铲挖土机（见图 3-20）的特点是：直上直下，自重切土。其挖掘能力小，适用于开挖停机面以下的一、二类土，主要用于开挖土质较软、施工面比较窄而深的基坑、基槽，疏通旧有渠道，挖取水中淤泥等。

3.5.2 土方机械选择的依据

（1）土方工程的类型与规模。不同类型的土方工程，如场地平整、基坑（槽）开挖、大型地下室土方开挖、构筑物填土等施工各有其特点，应根据开挖或填筑的断面、工程范围的大小、工程量多少来选择土方机械。

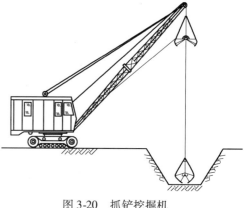

图3-20 抓铲挖掘机

（2）地质、水文及气候条件。如土的类型、土的含水量、地下水等条件。

（3）机械设备条件。指现有土方机械的种类、数量及性能。

（4）工期的要求。如果有多种机械可供选择，应进行技术经济比较，选择效率高、费用低的机械进行施工。一般可选用土方施工单价最小的机械进行施工，但在大型建设项目中，土方量大，而现有土方机械的类型及数量常受限制，此时必须将现有机械进行最优分配，使施工总费用最少。可应用线形规划法来确定土方机械的最优分配方案。

3.5.3 土方填筑

3.5.3.1 土料的选用与处理

填方土料应符合设计要求，保证填方的强度与稳定性，选择的填料应为强度高、压缩性小、水稳定性好、便于施工的土、石料。在土中不应含有粒径大于30mm的砖块，粒径较小的石子含量不应超过10%。回填土土质应保证回填密实。不能用于泥土、液化状粉砂、细砂、黏土等回填。当原土属于上述土时，应换土回填。其他如设计无要求时，还应符合下列规定：

（1）含有大量有机物、石膏和水溶性硫酸盐（含量大于5%）的土以及淤泥、冻土、膨胀土等均不应作为填方土料。

（2）以黏土为土料时，应检查其含水量是否在控制范围内，含水量大的黏土不宜作填土用；含水量符合压实要求的黏土，可作各层填料。

（3）一般碎石类土、砂土和爆破石渣可作表层以下填料，其最大粒径不得超过每层铺垫厚度的2/3。

（4）填土应按整个宽度水平分层进行，当填方位于倾斜的山坡时，应将斜坡修筑成1：2阶梯形边坡后施工，以免填土横向移动，并尽量用同类土填筑。

（5）回填施工前，填方区的积水采用明沟排水法排除，并清除杂物。

（6）碎块草皮和有机质含量大于8%的土，仅可用于无压实要求的填方。

（7）软土或沼泽地区的土经过处理，含水量符合压实要求后可用于填方中的次要部位。

填土应严格控制含水量，施工前应进行检验。当土的含水量过大时，应采用翻松、晾晒、风干等方法降低含水量，或采用换土回填、均匀掺入干土或其他吸水材料、打石灰桩等措施；如含水量偏低，则可预先洒水湿润，否则难以压实。

3.5.3.2 填土的方法

填土可采用人工填土和机械填土。人工填土一般用手推车运土，人工用锹、耙、锄等工具进行填筑，从最低部分开始由一端向另一端自下而上分层铺填。机械填土可用推土机、铲运机或自卸汽车进行。用自卸汽车填土，需用推土机推开推平，采用机械填土时，可利用行驶的机械进行部分压实工作。填土必须分层进行，并逐层压实。特别是机械填土，不得居高临下，不分层次，一次倾倒填筑。

3.5.3.3 压实方法

填土的压实方法有碾压、夯实和振动压实等几种。

碾压适用于大面积填土工程。碾压机械有平碾（压路机，见图3-21）、羊足碾和气胎碾。应用最普遍的是刚性平碾。

夯实主要用于小面积填土，可以夯实黏性土或非黏性土。夯实机械有夯锤、内燃夯土机、蛙式打夯机和履带式打夯机等。内燃夯土机作用深度为 $0.4 \sim 0.7\text{m}$，它和蛙式打夯机都是应用较广的夯实机械。人力夯土（木夯、石硪）方法则已很少使用。

振动压实主要用于压实非黏性土，采用的机械主要是振动压路机、平板振动器等。

图 3-21 压路机

3.5.3.4 影响填土压实的因素

填土压实质量与许多因素有关，其中主要影响因素为压实功、土的含水量以及每层铺土厚度。

1. 压实功的影响

填土压实后的重度与压实机械在其上所施加的功有一定的关系。土的重度与压实功的关系见图3-22。施工中应保证必要的压实遍数。

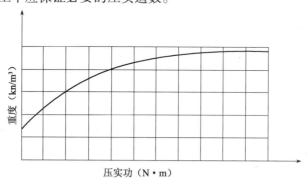

图 3-22 土的重度与压实功的关系

2. 土的含水量的影响

在同一压实功条件下，填土的含水量对压实质量有直接影响，如图3-23所示。较为干燥的土，由于土颗粒之间的摩阻力较大而不易压实。当土具有适当含水量时，水起了润滑作用，土颗粒之间的摩阻力减小，从而易压实。但当含水量过大时，由于水在土中占了一定的体积，而其又不可压缩，致使土体难以压实。

3. 每层铺土厚度的影响

土在压实功的作用下，压应力随深度增加而逐渐减小（见图3-24）。

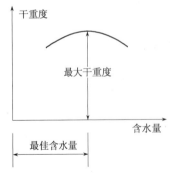

图 3-23　土的含水量对其压实质量的影响

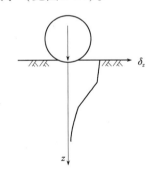

图 3-24　压实作用随深度的变化

施工中铺土厚度应小于压实机械压土时的有效作用深度，而且还应考虑最优土层厚度。铺得过厚，要压很多遍才能达到规定的密实度；铺得过薄，则要增加机械的总压实遍数。填方每层的铺土厚度和压实遍数见表3-2。

填方每层的铺土厚度和压实遍数　　　　　表 3-2

压实机具	分层厚度（mm）	每层压实遍数
平碾（8~12t）	200~300	6~8
羊足碾（5~16t）	200~350	6~16
蛙式打夯机（200kg）	200~250	3~4
振动碾（8~15t）	60~130	6~8
振动压路机2t，振动力98kN	120~150	10
推土机	200~300	6~8
拖拉机	200~300	8~16
人工打夯	<200	3~4

3.5.3.5　填土压实的质量检查

主要是检查回填土的密实度。

沟槽回填，应在管座混凝土强度达到5MPa后进行。回填时，管子两侧应同时分层还土摊平，夯实也应同时以同一速度进行。管子上方土的回填，从纵断面上看，在厚土层与薄土层之间，已夯实土与未夯实土之间，均应有一较长的过渡地段，以免管子受压不匀发生开裂。

每层土夯实后，应检测密实度。一般采用环刀法进行检测。检测时，应确定取样的数目和地点。由于表面土常易夯碎，每个土样应在每层夯实土的中间部分切取。土样切取后，根据自然密度、含水量、干密度等数值，可算出密实度。

密实度要求一般由设计根据工程结构性质、使用要求以及土的性质确定，例如建筑工程中的砌体承重结构和框架结构，在地基主要持力层范围内，压实系数（压实度）λ_c应大于0.96，在地基主要持力层范围以下，则λ_c应在0.93~0.96之间。

对于沟槽回填，应使槽上土面呈拱形，以免日久因土沉陷而造成地面下凹。

3.5.4 土方工程的冬期施工

在冬期，土由于遭受冰冻，挖掘困难，施工费用增加，因此必须进行技术经济评价，选择合理方案进行施工。

3.5.4.1 土的防冻

土的防冻应尽量利用自然条件，就近取材。其防冻方法主要有：地面耕松耙平防冻、覆雪防冻、隔热材料防冻。

（1）地面耕松耙平防冻是指在指定的施工地段，进入冬期之前，将地面耕起 25～30cm 并耙平。耕松的土中有许多孔隙，这些孔隙的存在使土层的导热性降低。

（2）覆雪防冻是指在积雪大的地方，可以利用覆盖雪进行防冻。

（3）隔热材料防冻是指面积较小的地面防冻可以直接用保温材料覆盖防冻。

3.5.4.2 冻土的破碎与挖掘

冻土的破碎与挖掘方法有爆破法、机械法和人工法 3 种。

（1）爆破法是将炸药放入爆破孔进行爆破，冻土破碎后用挖土机挖出。此法适用于冻土层较厚的土方工程。

（2）机械法。当冻土层厚度为 0.25m 以内时，可用中等动力的普通挖土机挖掘。当冻土层厚度不超过 0.4m 时，可用大功率的掘土机开挖土体。用拖拉机牵引的专用松土机，能松碎不超过 0.3m 的冻土层。厚度在 0.6～1m 的冻土，通常是用吊锤打桩机往地里打楔或用楔形锤打桩机进行机械松碎。厚度在 1～1.5m 的冻土，可以用强夯重锤，也可用风镐将冻土打碎。

（3）人工法通常用镐等进行挖掘。人工法适用于场地狭小不适宜用大型机械施工的地方。

3.5.4.3 冻土的融解

冻土的融解通常采用的方法有循环针法、电热法和烘烤法。

（1）循环针法分蒸汽循环针（通蒸汽）与热水循环针（通热水）两种。先在冻土中按预定的位置钻孔，然后把循环针插到孔中，热量通过土传导，使冻土逐渐融解。

（2）电热法是以闭合电路的材料加热为基础，使冻土层受热逐渐融解。此法耗电量大，成本较高。

（3）烘烤法利用燃料（如锯末、刨花、植物杆等）燃烧释放的热量将冻土融解。

3.5.4.4 回填土

由于土冻结后成为硬土块，在回填过程中如不压实或夯实，土解冻后就会造成土体下沉。室内的基坑（槽）或管沟不能用含有冻土块的土回填；室外的基坑（槽）或管沟可用含有冻土块的土回填，但冻土块的体积不得超过填土总体积的 15%，管沟底至管顶 0.5m 范围内不得用含有冻土块的土回填；位于铁路、有路面的道路和人行道范围内的平整场地的填方，可用含有冻土块的填料填筑，但冻土块的体积不得超过填料总体积的 30%。冻土块的粒径不得大于 15cm，铺填时冻土块应分散开，并逐层夯实。

冬期回填土应采取以下措施：

（1）把回填土预先保温。

（2）冬期挖土时，应将挖出来的未冻结的土堆积起来加以覆盖，以备回填。

（3）回填土前应将基底清理干净。

（4）在保证基底不受冻前提下，适当减少回填土方量，等气温转暖再继续回填。

（5）采用人工回填时，每层虚铺厚度比常温减少25%，每层铺土厚度不得超过2m，夯实厚度为10~15cm。

课后思考题

1. 工程中常见的土方工程有哪些？
2. 什么是土的可松性？什么场合要考虑土的可松性？
3. 在土方工程中，场地设计标高的一般方法设计原理是什么？
4. 场地平整土方量的计算步骤如何？
5. 土方工程施工前的准备工作有哪些？
6. 导致边坡失稳的因素有哪些？
7. 施工排（降）水的目的是什么？
8. 土的工程分类如何进行？
9. 场地平整的施工机械有哪些？各有何施工特点？
10. 土方工程冬期施工方法种类及技术要点有哪些？
11. 土的物理性质有哪些？

4 混凝土结构工程

自 1824 年英国的阿斯帕丁获得硅酸盐水泥的专利后，水泥混凝土大量用于建筑工程。我国工程界习惯将混凝土简写成"砼"。

混凝土结构是以混凝土为主要材料制作而成的结构。它在环保构筑物施工中占主导地位，对工程的人力、物力消耗和对工期均有很大的影响。混凝土结构工程包括现浇混凝土结构施工与采用装配式预制混凝土构件的工厂化施工两个方面。混凝土结构工程是由钢筋、模板、混凝土等多个工种组成的，由于施工过程多，因而要加强施工管理，统筹安排，合理组织，以达到保证质量、加速施工和降低造价的目的。

钢筋混凝土结构工程的施工工艺流程如图 4-1 所示。

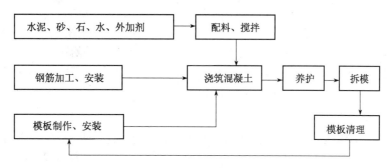

图 4-1 钢筋混凝土结构工程的施工工艺流程

4.1 钢筋工程

钢筋工程的施工流程大致为：钢筋进场检验（拉力试验、冷弯试验）→钢筋翻样配料（下料长度计算、配料单）→钢筋加工→钢筋安装与检查。

工程结构中钢筋按外形分类可分为光圆钢筋、带肋钢筋、刻痕钢丝和钢绞线 4 类。钢筋按其化学成分分类则分为低碳钢钢筋和普通低合金钢钢筋（加入锰、钛、钒等合金元素）。普通钢筋按其强度分类可分为 HPB235、HRB335、HRB400 级以及 RRB400 等；预应力钢筋可分为钢绞线、消除应力钢丝以及热处理钢筋等。普通钢筋的种类、强度和弹性模量见表 4-1。

普通钢筋的种类、强度和弹性模量 　　　　　　　　　表 4-1

种类		d（mm）	f_{yk}（MPa）	f_y（MPa）	f'_y（MPa）	E（MPa）
热轧光圆钢筋	HPB235（Q235）	8～20	235	210	210	2.1×10^5
热轧带肋钢筋	HRB335（20MnSi）	6～50	335	300	300	2.0×10^5
	HRB400（20MnSiV、20MnSiNb、20MnTi）	6～50	400	360	360	2.0×10^5
余热处理钢筋	RRB400（K20MnSi）	8～40	400	360	360	2.0×10^5

钢筋出厂应有出厂质量合格证或试验报告单，钢筋表面或每捆（盘）钢筋均应有标牌。进入施工现场后应按规定抽取试样对钢筋进行力学性能检验，必要时尚需进行钢筋的化学成分分析。施工现场的钢筋原材料和半成品存放及加工场地应采用混凝土硬化，且排水效果良好。对非硬化的地面，钢筋原材料及半成品应架空。钢筋在运输和存放时，不得损坏包装盒标志，并应按牌号、规格、炉批分别堆放整齐，避免锈蚀或油污。钢筋存放时，应挂牌标示钢筋的级别、品种、状态，加工好的半成品还应标示出使用的部位。钢筋存放及加工过程中，不得污染。钢筋轻微的浮锈可以在除锈后使用，但锈蚀严重的钢筋，应在除锈后，根据锈蚀情况，降规格使用。冷加工钢筋应及时使用，不能及时使用的应做好防潮和防腐保护。当钢筋在加工过程中出现脆裂、裂纹、剥皮等现象，或施工过程中出现焊接性能不良或力学性能显著不正常等现象时，应停止使用该批钢筋，并重新对该批钢筋的质量进行检测、鉴定。

钢筋加工过程包括冷拉、冷拔、调直、剪切、镦头、弯曲、焊接、绑扎等。

常见的钢筋加工设备有钢筋调直机、钢筋切断机和钢筋弯曲机等。

4.1.1 钢筋冷加工

1. 钢筋冷拉

钢筋冷拉是在常温下对热轧钢筋进行强力拉伸。拉应力超过钢筋的屈服强度，使钢筋产生塑性变形，以达到调直钢筋、提高强度、节约钢材的目的。现在钢筋冷拉已很少使用。

冷拉低碳钢丝质量要求为：表面不得有裂纹和机械损伤，并应按施工规范要求进行拉力试验和反复弯曲试验。

2. 钢筋冷拔

钢筋冷拔是将热轧钢筋通过钨合金的拔丝模（见图4-2和图4-3）进行强力冷拔。钢筋通过拔丝模时，受到轴向拉伸与径向压缩的作用，使钢筋内部晶格变形而产生塑性变形，因而抗拉强度提高（可提高50%~90%），塑性降低，呈硬钢性质。钢筋冷拔的过程为：钢筋剥壳→扎头→润滑→拔丝。

图4-2 冷拔设备

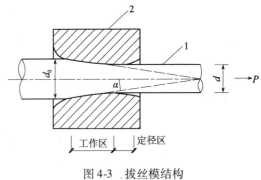

图4-3 拔丝模结构
1—钢筋；2—拔丝模

影响冷拔低碳钢丝质量的主要因素是原材料的质量和冷拔压缩率。

总压缩率控制：对冷拔后需达到4mm的钢丝用8mm的钢丝进行冷拔；对冷拔后小于

4mm 的钢丝则用直径 6.5mm 的钢丝进行冷拔。每次冷拔的压缩率控制：前道钢丝和后道钢丝的直径之比以 1∶0.87 为宜。

总压缩率 $\beta(\%)$ 为：

$$\beta = \left[(d_0^2 - d^2)/d_0^2 \right] \times 100\%$$

冷拔总压缩率越大，冷拔钢丝的强度越高，塑性越低。在相同总压缩率条件下，冷拔的次数少、效率高、钢丝易拉断、拔丝模易坏，冷拔次数多、效率低、钢丝更脆。

4.1.2 钢筋连接

钢筋连接有 3 种常用的连接方法：绑扎连接、焊接连接、机械连接（挤压连接和螺纹套管连接）。下面依次进行介绍。

4.1.2.1 钢筋绑扎连接

绑扎目前仍为钢筋连接的主要手段之一（见图 4-4）。钢筋绑扎时，应采用铁丝扎牢；弯钩叠合处应沿受力钢筋方向错开设置。钢筋绑扎搭接长度的末端与钢筋弯曲处的距离，不得小于钢筋直径的 10 倍，且接头不宜在构件最大弯矩处。钢筋搭接处，应在中部和两端用铁丝扎牢。受拉钢筋和受压钢筋的搭接长度及接头位置要符合《混凝土结构工程施工质量验收规范》GB 50204—2002（2010 版）的规定。

在施工部位进行钢筋绑扎的一般顺序为：画线→摆筋→穿筋→绑扎→安放垫块等。

图 4-4　钢筋绑扎

4.1.2.2 钢筋焊接连接

钢筋焊接主要分为压焊和熔焊两种形式。压焊包括闪光对焊、电阻点焊和气压焊；熔焊包括电弧焊和电渣压力焊。此外，钢筋与预埋件 T 形接头的焊接应采用埋弧压力焊，也可用电弧焊或穿孔塞焊。

1. 闪光对焊（压焊）

闪光对焊广泛用于钢筋连接及预应力钢筋与螺丝端杆的焊接。热轧钢筋的焊接宜优先用闪光对焊。钢筋闪光对焊机如图 4-5 所示。

闪光对焊是将两钢筋安放成对接形式，利用低电压强电流产生的电阻热使接触点金属熔化，产生强烈飞溅形成闪光，闪平钢筋端面并加热，最后迅速施加顶锻力，完成焊接。

连续闪光焊适用于直径小于 25mm 的 I ~ III 级钢筋，焊接过程为：连续闪光（不间断地）→移动钢筋（熔化）→顶锻钢筋。预热闪光对焊适用于直径较大的 I ~ III 级钢筋，焊接过程为：一次连续闪光（闪平断面）→短暂的闭合、少量闪光（预热）→二次连续闪光（继续加热）→顶锻（顶锻焊接）。闪光对焊参数包括调伸长度、闪光留量、预热留量、顶锻留量、变压器级数等。

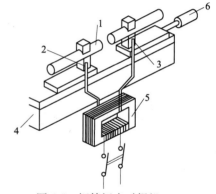

图 4-5　钢筋闪光对焊机
1—焊接的钢筋；2—固定电极；3—可动电极；
4—机座；5—变压器；6—手动顶压机构

外观质量检查：对焊后钢筋应无裂纹和烧伤；接头弯折不大于 4°；接头轴线偏移不大于 0.1d（d 为钢筋直径），且不大于 2mm；力学试验包括抗拉试验和冷弯试验。

2. 气压焊（压焊）

气压焊可用于直径 40mm 以下的 HPB235 级、HRB335 级钢筋的纵向连接。当连接钢筋直径不同时其差不能大于 7mm。

气压焊接钢筋是利用氧乙炔火焰或其他火焰对已有初始压力的两根钢筋对接处加热，使钢筋端部达到塑性状态或熔化状态后加压完成的一种压焊方法。当加热到约 1250 ~ 1350℃（相当于钢材熔点的 0.80 ~ 0.90 倍）时对钢筋进行加压顶锻，使其焊接在一起。其工艺包括预压、加热与压接过程。

气压焊接设备主要包括加热系统与加压系统两部分（见图 4-6）。加热系统中的能源是氧和乙炔。流量计用来控制氧和乙炔的输入量，焊接不同直径的钢筋要求不同的流量。加热器用来将氧和乙炔混合后从喷火嘴喷出火焰加热钢筋。

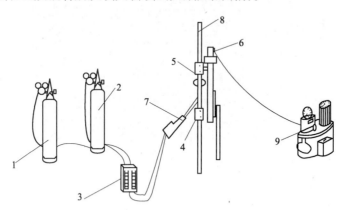

图 4-6　气压焊接设备示意
1—乙炔；2—氧气；3—流量计；4—固定卡具；5—活动卡具；6—压接器；
7—加热器与焊炬；8—被焊接的钢筋；9—加压油泵

加压系统中的压力源为电动油泵，使加压顶锻时压力平稳。压接器是气压焊的主要设备之一，要求它能准确、方便地将两根钢筋固定在同一轴线上，并将油泵产生的压力均匀地传递给钢筋达到焊接的目的。

3. 电弧焊（熔焊）

电弧焊是利用弧焊机使焊条与焊件之间产生高温，电弧使焊条和电弧燃烧范围内的焊件熔化，待其凝固便形成焊缝或接头。

电弧焊在钢筋及其他钢结构中普遍适用。当用直流电焊机焊接时，焊条接负极，工件接正极叫做直流正极性。反之当焊条接正极，工件接负极时叫做直流反极性。焊接时，引燃电弧的过程如下：先将焊条和工件间短路，然后将焊条稍稍提起，此时便有强大的焊接电流通过焊条与工件间的气体间隙，再加上焊接电压在两极间的强烈作用，因而就会激发出电弧来。电弧靠近阴极（负极）的部分叫做"阴极区"；靠近阳极（正极）的部分叫做"阳极区"。介于这二区之间的部分叫做"弧柱"。一般电弧的温度很高，在6000℃左右，其中以"阳极区"的温度为最高，"阴极区"次之，"弧柱"的温度最低。焊接电弧温度分布的这一特点，在焊接生产中很有实用价值。例如，手工堆焊时，将焊条接正极，则焊条融化的就会快些，可以提高堆焊的生产率，并能减少母材在焊缝中所占的比例。

（1）钢筋电弧焊的接头形式

钢筋电弧焊的接头形式如图4-7所示。

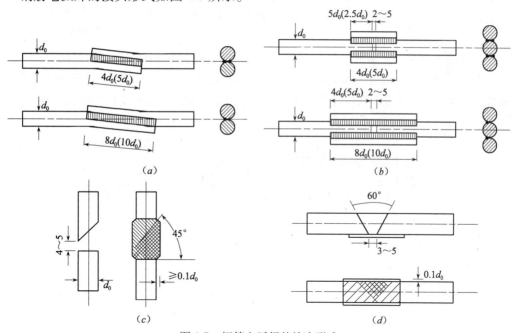

图4-7　钢筋电弧焊的接头形式
（a）搭接焊；（b）帮条焊；（c）立焊的剖口焊；（d）平焊的剖口焊

（2）质量检查

外观检查；抽样拉伸试验；如对焊接质量有怀疑或发现异常情况，还可进行非破损检验（X射线、γ射线、超声波探伤等）。

4. 电渣压力焊（熔焊）

加工过程：端部除锈 → 夹具夹牢在下部钢筋上 → 上部钢筋夹牢于活动电极中 → 装上药盒 → 接通电路 → 引燃电弧（引弧）→ 钢筋熔化（稳弧）→ 加压顶锻 → 形成接头。引弧、稳弧、顶锻三个过程连续进行。

电渣压力焊构造原理图如图4-8所示。

电渣压力焊的适用性：适用于现浇混凝土结构构件内竖向或斜向（倾斜度在 4∶1 的范围内）安放的钢筋的连接。

质量检查：外观质量检查；试件拉伸试验。

4.1.3 钢筋机械连接

钢筋机械连接包括挤压连接和螺纹套管连接，是近年来大直径钢筋现场连接的主要方法。与电焊相比其具有效率高、连接可靠、无明火作业、设备简单、不受气候影响等优点。

1. 钢筋挤压连接

钢筋挤压连接亦称钢筋套筒冷压连接。分为径向挤压连接（见图 4-9）和轴向挤压连接。它是通过挤压力使连接用钢套筒发生塑性变形而与带肋钢筋紧密咬合形成接头。适用于竖向、横向及其他方向的较大直径变形钢筋的连接。

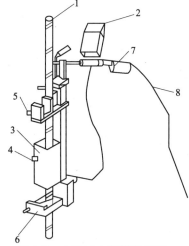

图 4-8　电渣压力焊构造原理
1—钢筋；2—监控仪表；3—焊剂盒；
4—焊剂盒扣环；5—活动夹具；
6—固定夹具；7—操作手柄；
8—控制电缆

钢筋挤压连接的工艺参数主要有：压接顺序——中间逐道向两端压接；压接力——保证套筒与钢筋紧密咬合，取决于钢筋直径、套筒型号；压接道数——取决于钢筋直径、套筒型号和挤压机型号。钢筋套筒挤压连接接头，按验收批进行外观质量和单向拉伸试验检验。

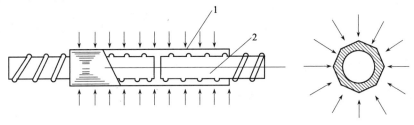

图 4-9　钢筋径向挤压连接
1—钢套筒；2—被连接的钢筋

2. 钢筋螺纹套管连接

螺纹套管连接分锥螺纹连接和直螺纹连接两种。用于这种连接的钢套管内壁，用专门机床加工有锥螺纹，钢筋的对接端头也在套丝机上加工有与套管匹配的锥螺纹。连接时，经对螺纹检查无油污和损伤后，先用手旋入钢筋，然后用扭矩扳手紧固至扭矩完成连接。如图 4-10 和图 4-11 所示。

锥螺纹套管连接由于钢筋的端头在套丝机上加工有螺纹，截面有所削弱，有时达不到与母材等强度要求，为确保达到与母材等强度，可先把钢筋端部墩粗，然后切削直螺纹，用套管连接就形成直螺纹套管连接。或者用冷轧方法在钢筋端部轧制出螺纹，由于冷强作用亦可

图 4-10　钢筋的螺纹连接

达到与母材等强度。

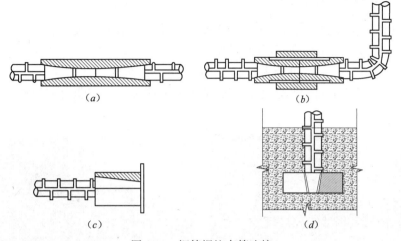

图 4-11　钢筋螺纹套管连接
(a) 直钢筋连接；(b) 直、弯钢筋连接；(c) 在钢板上连接钢筋；(d) 混凝土构件中插接钢筋

质量检验：机械连接的接头需要满足《混凝土结构工程施工质量验收规范》GB 50204—2002（2010 版）和《钢筋机械连接技术规程》JGJ 107—2010 中的相关要求。

4.2　模板工程

模板是新浇混凝土成形用的模型，模板系统包括模板、支撑和紧固件。

模板设计与施工的基本要求：保证结构和构件的形状、位置、尺寸的准确；具有足够的强度、刚度和稳定性；装拆方便能多次周转使用；接缝严密不漏浆。

模板工程属于"临时结构工程"（见图 4-12），其施工工艺包括：模板的选材、选型、设计、制作、安装、拆除和周转等过程。模板工程是钢筋混凝土工程的重要组成部分，特别是在现浇钢筋混凝土结构施工中占主导地位，决定施工方法和施工机械的选择，直接影响工期和造价。一般情况下，模板工程费用占结构工程费用的 30% 左右，劳动量占总劳动量的 50% 左右，工期约为总工期的 1/2。

图 4-12　模板工程

4.2.1 模板分类与形式

（1）按所用的材料不同，可分为木模板、钢模板、钢木模板、胶合板模板、塑料模板、玻璃钢模板等。图4-13所示为钢模板。

（2）按装拆方法不同，可分为固定式、移动式和永久式。

（3）按规格形式不同，可分为定型模板（如小钢模板）和非定型模板（如木模板等散装模板）（见图4-14）。

图4-13　钢模板　　　　　　　　　　图4-14　钢模板替代材料

（4）按结构类型不同，可分为基础模板、柱模板、墙模板、梁和楼板模板、楼梯模板等。

4.2.1.1 木模板

木模板、木胶合板模板在工程上广泛应用，如图4-15所示。这类模板一般为散装散拆式模板，也有的加工成基本元件（拼板），在现场进行拼装，拆除后亦可周转使用。拼板由一些板条用木拼条钉拼而成，胶合板模板则用胶合板加工成所需的形状，板厚一般为25～40mm。拼板的拼条（次肋）间距取决于新浇混凝土的侧压力和板条的厚度，多为400～500mm。

图4-15　木模板

1. 基础模板

基础的特点是高度较小而体积较大，基础模板一般利用地基或基槽（基坑）进行支撑，如图4-16所示。安装阶梯形基础模板时，要保证上下模板不发生相对位移。如土质良好，基础也可进行原槽浇筑混凝土，如图4-17所示。

图 4-16　基础模板

图 4-17　基础施工

2. 柱模板

柱子的断面尺寸不大但比较高。因此，柱模板的构造和安装主要考虑保证垂直度及抵抗新浇混凝土的侧压力，与此同时，也要便于浇筑混凝土、清理垃圾与钢筋绑扎等。

图4-18所示为矩形柱模板，由板模板和柱箍组成，柱箍除使板模板保持柱的形状外，还要承受由模板传来的新浇筑混凝土的侧压力，因此柱箍的间距取决于侧压力的大小及模板的刚度。

3. 梁、楼板模板

梁、楼板模板的特征是宽度不大、长度大，混凝土浇筑速度快，混凝土对梁侧模板有水平侧压力，对梁底模板有垂直压力，因此梁模板及支架必须能承受这些荷载而不致发生超过规范允许的过大变形。

梁模板主要由底模、侧模、夹木及其支架系统组成，如图4-19所示。为承受垂直荷载，在梁底模板下每隔一定间距（800～1200mm）用顶撑顶住。顶撑可以用圆木、方木或钢管制成。顶撑底要加垫一对木楔块以调整标高。为使顶撑传下来的集中荷载均匀地传给地面，在顶撑底加铺垫板。多层建筑施工中，应使上、下层的顶撑在同一条竖向直线上。侧模板用长板条加拼条制成，为承受混凝土的侧压力，底部用夹木固定，上部由斜撑和水平拉条固定。

单梁的侧模板一般拆除的较早，因此侧模板包在底模板的外面。柱的模板与梁的侧模板一样，可较早拆除，梁的模板也不应伸到柱模板的开口内，同样次梁模板也不应伸到主梁侧板的开口内。

当梁跨度等于或大于 4m 时，模板应起拱，如设计无要求时，钢模的起拱高度为全跨长度的 1/1000～2/1000，木模的起拱高度为 2/1000～3/1000。

楼板的特点是面积大而厚度一般不大，因此横向侧压力很小，楼板模板及支撑系统主要承受混凝土的垂直荷载和施工荷载，保证模板不变形下垂。楼板模板由底模和横楞组成，横楞下方由支柱承担上部荷载。

梁与楼板支模，一般先支梁模板后支楼板的横楞，再依次支设下面的横杠和支柱。在楼板与梁的连接处靠托木支撑，经立档传至梁下支柱。楼板底模板铺在横楞上。如图 4-20 所示。

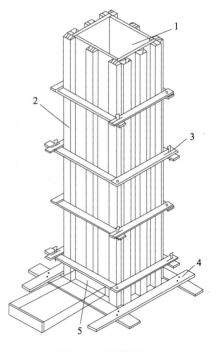

图 4-18　柱模板

1—内拼板；2—外拼板；3—柱箍；
4—梁缺口；5—清理孔

图 4-19　梁模板

图 4-20　有梁楼板模板

4.2.1.2　组合模板

组合模板是一种工具式模板，它是工程施工中使用最多的一种模板形式。它由具有一定模数的若干类型的板块、角模、支撑和连接件组成，用它可以拼出多种尺寸和几何形状，以适应多种类型建筑物的梁、柱、板、墙、基础和设备基础等施工的需要，也可用它拼成大模板、隧道模和台模等。施工时可以在现场直接组装，亦可以预拼装成大块模板或构件模板用起重机吊运安装。组合模板的板块有全钢材制成的（见图 4-21），亦有用钢框与木（竹）胶合板面板复合制成的（见图 4-22）。

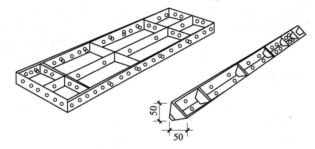

图 4-21　板块和连接角模

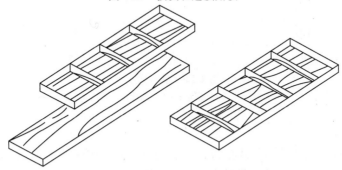

图 4-22　钢框木（竹）胶合板模板

1. 板块与角模

板块和连接角模如图 4-22 所示。

2. 支承件

组合模板的支承件包括梁托架、支撑桁架和钢支柱（见图 4-23）、支承梁、板模板的早拆柱头（见图 4-24）等。早拆柱头按其构造可以分为四种类型：螺旋式早拆柱头、斜面自锁早拆柱头、支承销板早拆柱头、组装式早拆柱头。

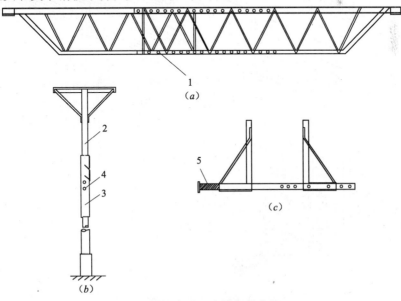

图 4-23　定型组合模板的支撑

（a）支撑桁架；（b）钢管顶撑；（c）梁托架

1—桁架伸缩销孔；2—内套钢管；3—外套钢管；4—插销孔；5—调节螺栓

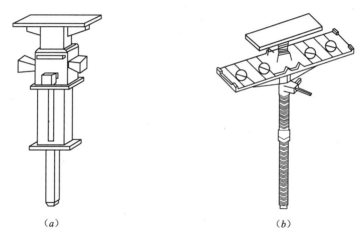

图 4-24　早拆柱头
（a）楔形；（b）螺栓形

4.2.1.3　大模板

大模板是一种大尺寸的工具式模板，一般是一块墙面用一块大模板。但其重量大，装拆皆需起重设备吊装，因此机械化程度高，减少了用工量并缩短了工期。一块大模板由面板、次肋、主肋、支撑桁架、稳定机构及附件组成，如图 4-25 所示。

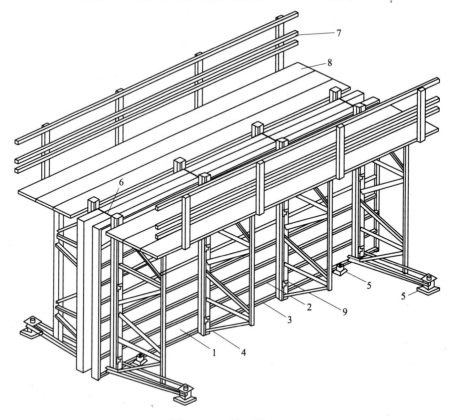

图 4-25　大模板构造
1—面板；2—次肋；3—支撑桁架；4—主肋；5—调整螺旋；6—卡具；7—栏杆；8—脚手板；9—对销螺栓

4.2.1.4 滑升模板

滑升模板是一种工业化模板，用于现场浇筑高耸构筑物和建筑物等的竖向结构，如烟囱、筒仓、高桥墩、电视塔、竖井、沉井、双曲线冷却塔和高层建筑等。

滑升模板的施工特点：在构（建）筑物底部，沿其构件的周边组装滑升模板，随后向模板内分层浇筑混凝土，同时用液压提升设备使模板不断沿支承杆向上滑升，直到需要浇筑的高度为止。滑模的传力途径为：荷载→模板→围圈→提升架→千斤顶→支承杆。

滑升模板的构造见图 4-26。

4.2.1.5 爬升模板

爬升模板简称爬模，是施工剪力墙和筒体结构的混凝土结构高层建筑和桥墩、桥塔等的一种有效的模板体系，我国已推广应用。爬模分有爬架爬模和无爬架爬模两类。

爬升时，先放松穿墙螺栓，并使墙外侧的甲型模板与混凝土脱离。调整乙型模板上三角爬架的角度，装上爬杆，爬杆下端穿入甲型模板中间的液压千斤顶中，然后拆除甲型模板的穿墙螺栓，起动千斤顶将甲型模板爬升至预定高度，待甲型模板爬升结束并固定后，再用甲型模板爬升乙型模板（见图 4-27）。其特点是不需连续爬升；达到拆模强度即可拆模；以钢筋混凝土结构为支点，可实现自行爬升；爬升时与混凝土脱开，阻力小。

爬升常用方法是"模板爬架子、架子爬模板"。

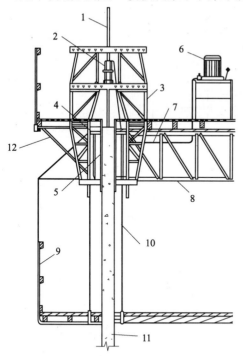

图 4-26 滑升模板
1—支承杆；2—液压千斤顶；3—提升架；4—围圈；
5—模板；6—高压油泵；7—油管；8—操作平台桁架；
9—外吊脚手架；10—内脚手架吊杆；
11—混凝土墙体；12—外挑脚手架

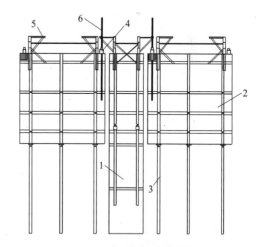

图 4-27 无爬架爬模的构造
1—甲型模板；2—乙型模板；3—背楞；
4—液压千斤顶；5—三角爬架；6—爬杆

4.2.1.6 其他模板

1. 台模（飞模、桌模）

台模是一种大型工具式模板，主要用于浇筑平板式或带边梁的模板，一般是一个房间一块台模，有时甚至更大。按台模的支承形式分为支腿式（见图4-28）和无支腿式两类。台模由面板、支撑框架、檩条等组成。图4-29为台模在楼层间的转移过程。

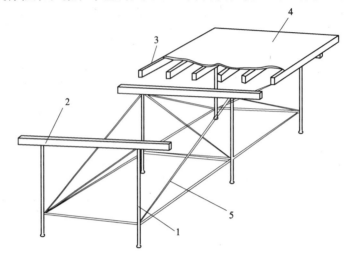

图 4-28　支腿式台模

1—支腿；2—可伸缩的横梁；3—檩条；4—面板；5—斜撑

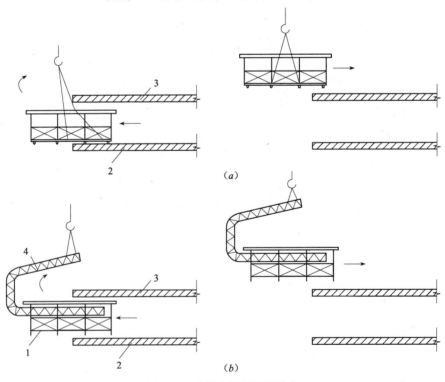

图 4-29　台模在楼层间的转移

（a）推出墙面转运；（b）"C"型吊钩转运

1—台模；2—下层楼面；3—上层楼面；4—"C"型吊钩

2. 隧道模

隧道模是用于同时整体浇筑墙体和楼板的大型工具式模板，能将各开间沿水平方向逐段逐间整体浇筑。隧道模有全隧道模（整体式隧道模）和双拼式隧道模（图4-30）两种。

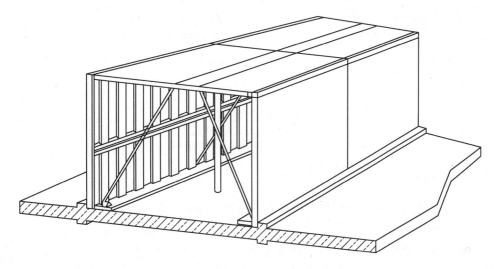

图4-30　双拼式隧道模

3. 永久性模板

永久性模板是一些施工时起模板作用而浇筑混凝土后又是结构本身组成部分之一的预制板材，如图4-31所示。常见的有混凝土（砂浆）模板——预应力混凝土薄板、玻璃纤维水泥模板、小梁填块（小梁为倒T形，填块放在梁底凸缘上，再浇混凝土）、钢桁架型混凝土板等。压型钢板——压型钢板亦称钢铺板或钢衬板，它是压制成型的厚1mm左右的槽形、波浪形、楔形等形状并经过防锈处理的薄钢板。

图4-31　永久性模板

4. 塑料及玻璃钢模板（见图4-32）

塑料模板适用于一些异型、不规则构件以及现场加工有困难，只进行现场拼装的模板。塑料模板是一种节能的绿色环保产品，模板在使用上"以塑代木"、"以塑代钢"是节能环保的趋势。

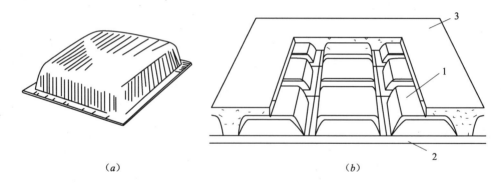

图 4-32 塑料壳模
(a) 塑料壳模；(b) 密肋板施工
1—塑料壳模；2—楼板底模；3—混凝土楼板

4.2.2 模板拆除

模板支架拆除必须有工程负责人的批准手续及混凝土的强度报告。操作人员应时刻注意安全，站在稳固的安全处操作，相互之间应当密切配合、及时提醒，以免发生安全事故。拆除模板时严禁使用大锤和撬棍硬撬硬砸，以避免混凝土表面或模板受到破坏。模板拆除顺序应按设计方案进行，若无规定则应按先支后拆、后支先拆、先非承重部位、后承重部位以及自上而下的原则进行。拆除较大跨度梁下支柱时应先从跨中开始分别向两端拆除，拆除多层楼板支柱时应在确认上部施工荷载不需要传递的情况下方可拆除下部支柱。当水平支撑超过两道以上时应先拆除两道以上水平支撑，最下一道大横杆与立杆应同时拆除。模板拆除应按规定逐次进行，不得采用大面积撬落的方法。拆除的模板、支撑、连接件应用槽滑下或用绳系下，不得留有悬空横板；当设计无具体要求时，侧模在保证其表面及棱角不受损坏后方可拆除；底模拆除时所需的混凝土强度见表 4-2。

现浇结构拆模时所需混凝土强度　　　　　　　　　　表 4-2

结构类型	结构跨度（m）	达到设计计算的混凝土立方体抗压强度标准值的百分率（%）
板	≤2	50
	>2 且 ≤8	75
	>8	100
梁、拱、壳	≤8	75
	>8	100
悬臂构件	—	100

拆下的模板和配件，严禁随意抛掷，必须用吊运机具运输，按指定地点堆放，并做到及时维修和涂刷隔离剂，以备周转使用。在拆除模板的过程中，如发现混凝土有影响结构安全的质量问题时应立即停止拆模，待查明原因、做出判断、维修处理后才能继续拆除。

4.3 混凝土工程

混凝土工程包括混凝土制备、运输、浇筑、捣实和养护等施工过程，各个施工过程相互联系和影响，任一施工过程处理不当都会影响混凝土工程的最终质量，因此，在工程施工中应注意控制施工质量。

混凝土由水泥、粗骨料、细骨料和水组成，有时掺加外加剂、矿物掺合料。混凝土拌合常用的5种通用水泥有硅酸盐水泥 P·Ⅰ 和 P·Ⅱ、普通水泥 P·O、矿渣水泥 P·S、火山灰水泥 P·P 和粉煤灰水泥 P·F。保证原材料的质量是保证混凝土质量的前提。当水泥进场时应对其品种、级别、包装或散装仓号、出厂日期等进行检查，并对其强度、安定性及其他必要的性能指标进行复检，其质量必须符合国家标准的规定。

4.3.1 混凝土的制备

4.3.1.1 混凝土施工配制强度确定

混凝土的施工配合比，应保证结构设计对混凝土强度等级及施工对混凝土和易性的要求，并应符合合理使用材料、节约水泥的原则。必要时，还应符合抗冻性、抗渗性等要求。

混凝土制备之前按下式确定混凝土的施工配制强度，以达到95%的保证率：

$$f_{cu,0} = f_{cu,k} + 1.645\sigma \tag{4-1}$$

式中　$f_{cu,0}$——混凝土的施工配制强度，N/mm^2；

　　　$f_{cu,k}$——设计的混凝土强度标准值，N/mm^2；

　　　σ——施工单位的混凝土强度标准差，N/mm^2。

σ 值的确定方法：当施工单位有近期（不超过3个月）同一品种混凝土的强度资料时，可通过计算求得 σ。当强度等级为 C20、C25 时，若算得 $\sigma < 2.5MPa$ 则取 $\sigma = 2.5MPa$；当强度等级 $\geq C25$ 时，若算得 $\sigma < 3.0MPa$ 则取 $\sigma = 3.0MPa$。当施工单位没有近期同一品种混凝土的强度资料时，强度等级 $< C25$ 时取 $\sigma = 4.0MPa$；当强度等级为 C25～C35 时取 $\sigma = 5.0MPa$；当强度等级 $\geq C35$ 时取 $\sigma = 6.0MPa$。例如：C40 混凝土的施工配制强度为 $f_{cu,0} = 40 + 1.645 \times 6 = 49.87MPa$。

4.3.1.2 混凝土搅拌机选择

混凝土搅拌机按其搅拌原理分为自落式和强制式两类，如图4-33所示。

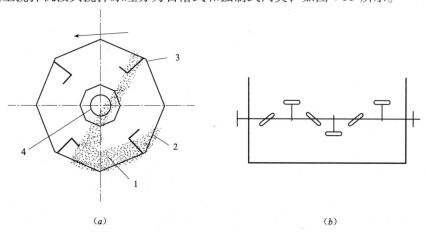

（a）　　　　　　　　　　　　　　　　　　（b）

图4-33　混凝土搅拌原理

（a）自落式搅拌；（b）强制式搅拌

1—混凝土拌合物；2—搅拌筒；3—叶片；4—转轴

自落式搅拌机主要是根据重力机理设计的。其搅拌筒内壁焊有弧形叶片，当搅拌筒绕水平轴旋转时，弧形叶片不断将物料提高到一定高度，然后自由落下而互相混合。自落式搅拌机宜用于搅拌塑性混凝土。

强制式搅拌机（见图 4-34）主要是根据剪切机理设计的。在这种搅拌机中有转动的叶片，这些不同角度和位置的叶片转动时通过物料，克服了物料的惯性、摩擦力和黏滞力，强制其产生环向、径向、竖向运动。这种由叶片强制物料产生剪切位移而达到均匀混合的机理，称为剪切搅拌机理。强制式搅拌机宜用于搅拌干硬性混凝土和轻骨料混凝土。

图 4-34　强制式混凝土搅拌机

4.3.1.3　搅拌制度确定

为了获得质量优良的混凝土拌合物，除正确选择搅拌机外，还必须正确确定搅拌制度，混凝土的搅拌制度主要包括 3 个方面，分别为搅拌时间、投料顺序和进料容量。

1. 搅拌时间

混凝土的搅拌时间是从砂、石、水泥和水等全部材料投进搅拌筒起，到开始卸料为止所经历的时间。在一定时间范围内随搅拌时间的延长混凝土强度会提高，但过长时间的搅拌既不经济也不合理。因为搅拌时间过长，不坚硬的粗骨料在大容量搅拌机中会因脱角、破碎等而影响混凝土的质量。加气混凝土也会因搅拌时间过长而使含气量下降。混凝土搅拌的最短时间见表 4-3。

混凝土搅拌的最短时间（s）　　　　　　　　　　　表 4-3

混凝土坍落度（mm）	搅拌机机型	搅拌机出料量（L）		
		<250	250～500	>500
≤30	强制式	60	90	120
	自落式	90	120	150
>30	强制式	60	60	90
	自落式	90	90	120

注：1. 当掺有外加剂时，搅拌时间应适当延长；
　　2. 全轻混凝土、砂轻混凝土搅拌时间应延长 60～90s。

2. 投料顺序

投料顺序应从提高搅拌质量、减少叶片和衬板的磨损、减少拌合物与搅拌筒的粘结、减少水泥飞扬、节约材料、改善工作环境等方面综合考虑确定。

一次投料法——上料斗中先装石子，再加水泥和砂，然后一次投入搅拌机。其优点是水泥裹在中间可防止水泥飞扬。

二次投料法——"裹砂石法混凝土搅拌工艺"，它分两次加水，两次搅拌。投料工艺：先将全部石子、砂和70%的拌合水倒入搅拌机，拌合15s使骨料润湿，再倒入全部水泥进行造壳搅拌30s左右，然后加入30%的拌合水进行糊化搅拌60s左右即完成。与普通搅拌工艺相比，用裹砂石法搅拌工艺可使混凝土强度提高10%~20%，或节约水泥5%~10%。

3. 进料容量

进料容量是将搅拌前各种材料的体积累加起来的容量，又称干料容量。进料容量 V_j 与搅拌机搅拌筒的几何容量 V_g 有一定的比例关系，一般情况下 $V_j / V_g = 0.22 \sim 0.40$。

任意超载（进料容量超过10%），就会使材料在搅拌筒内无充分的空间进行掺合，影响混凝土拌合物的均匀性。反之，如装料过少，则又不能充分发挥搅拌机的效能。

预拌（商品）混凝土能保证混凝土的质量，节约材料，减少施工临时用地，实现文明施工，是今后的发展方向，国内一些大中城市已推广应用，不少城市已有相当的规模，有的城市已规定在一定范围内必须采用商品混凝土，不允许现场拌制。

4.3.2 混凝土的运输

4.3.2.1 基本要求

不产生离析现象；保证浇筑时规定的坍落度；在混凝土初凝之前能有充分时间进行浇筑和捣实；不漏浆。混凝土运输道路要求平坦，应以最短时间运达浇筑地点。

混凝土拌合物的坍落度是按照规定的方法利用坍落筒测定的，它可以表示混凝土的和易性。坍落度越大，表明混凝土的流动度越大。和易性是指混凝土拌合物能保持其各种成分均匀，不离析及适合于施工操作的性能。它是混凝土流动性、黏聚性、保水性等各种性能的综合反映。

4.3.2.2 运输工具

要求运输工具不吸水、不漏浆，且运输时间有一定限制。普通混凝土从搅拌机中卸出到浇筑完毕的延续时间不宜超过表4-4的规定。

普通混凝土从搅拌机中卸出到浇筑完毕的延续时间（min）　　　　表4-4

混凝土强度等级	气温（℃）	
	≤25	>25
≤C30	120	90
>C30	90	60

混凝土运输包括水平运输、垂直运输和楼面水平运输3种。水平运输设备主要是双轮手推车、机动翻斗车、混凝土搅拌运输车、自卸汽车等，垂直运输设备主要是井架、塔式起重机和混凝土泵等。双轮手推车和机动翻斗车常用于工地内短距离水平运输。

混凝土搅拌运输车为长距离运输混凝土的有效工具，如图4-35所示。在运输过程中搅拌筒可进行慢速转动进行拌合，以防止混凝土离析。运至浇筑地点，搅拌筒反转即可迅速卸出混凝土（见图4-36）。搅拌筒的容量一般为2~10m³。

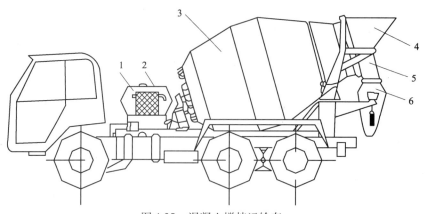

图 4-35 混凝土搅拌运输车

1—水箱；2—外加剂箱；3—搅拌筒；4—进料斗；5—固定卸料溜槽；6—活动卸料溜槽

图 4-36 混凝土浇筑施工

混凝土泵是一种有效的混凝土运输和浇筑工具，它以泵为动力，沿管道输送混凝土，可以一次完成水平及垂直运输，将混凝土直接输送到浇筑地点，是一种高效的混凝土运输方法。道路工程、桥梁工程、地下工程、工业与民用建筑施工皆可应用，在我国正大力推广，上海目前预拌混凝土 90% 以上是泵送的，已取得较好的效果。

活塞泵目前多用液压驱动，主要由料斗、液压缸和活塞、混凝土缸、分配阀、Y 形输送管、冲洗系统、液压系统和动力系统等组成，如图 4-37 所示。活塞泵工作时，搅拌机卸出的或从混凝土搅拌运输车卸出的混凝土料倒入料斗 4，分配阀 5 开启，分配阀 6 关闭，活塞 2 在液压作用下后移，料斗内的混凝土在重力和吸力作用下进入混凝土缸 1。然后液压系统中的压力油进出反向，活塞 2 向前推压，同时分配阀 5 关闭，分配阀 6 开启，混凝土缸中的混凝土拌合物就通过 Y 形输送管压入输送管送至浇筑地点。由于有两个缸体交替进料和出料，因而能连续稳定的排料。

常用的混凝土输送管为钢管，也有橡胶和塑料软管。直径为 75~200mm，每段长约 3m，还配有 45°、90° 等弯管和锥形管。弯管、锥形管和软管的流动阻力大，计算输送距离时要换算成水平换算长度。垂直输送时，在立管的底部要增设逆流阀，以防止停泵时立管中的混凝土反压回流。

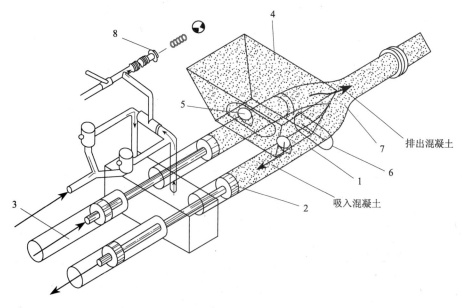

图 4-37　液压活塞式混凝土泵工作原理
1—混凝土缸；2—活塞；3—液压缸；4—料斗；5—控制吸入的水平分配阀；
6—控制排出的竖向分配阀；7—Y 形输送管；8—冲洗系统

　　将混凝土泵装在汽车上便成为混凝土泵车（见图 4-38），在车上还装有可以伸缩或屈折的"布料杆"，末端是一软管，可将混凝土直接送至浇筑地点，使用方便。

图 4-38　带布料杆的混凝土泵车

　　预拌混凝土质量及其材性的标记如图 4-39 所示。

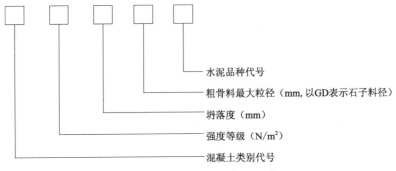

图 4-39　预拌混凝土标记组合

　　例如，用普通硅酸盐水泥、粗骨料最大粒径为 20mm、拌制强度为 C25 级、坍落度为 70mm 拌制的混凝土的标记为：AC25-70-GD20-P·O。

4.3.2.3　泵送混凝土配合比要求

1. 碎石最大粒径

　　碎石最大粒径与输送管内径之比一般不宜大于 1：3，卵石可为 1：2.5；泵送高度为 50～100m 时宜为 1：3～1：4，泵送高度在 100m 以上时宜为 1：4～1：5。

　　如用轻骨料则以吸水率小者为宜，并宜用水预湿，以免在压力作用下强烈吸水，使坍落度降低而造成管道阻塞。

2. 砂

　　宜用中砂，通过 0.315mm 筛孔的砂应不少于 15%；砂率宜控制在 38%～45%。

3. 水泥

　　用量不宜过少，最小水泥用量为 300kg/m³。

4. 水灰比

　　宜为 0.4～0.6，泵送混凝土可根据不同泵送高度参考表 4-5 选用。

不同泵送高度入泵时混凝土坍落度选用值　　　　　　　　表 4-5

泵送高度（m）	30 以下	30～60	60～100	100 以上
坍落度（mm）	100～140	140～160	160～180	180～200

4.3.3　混凝土的浇捣和养护

4.3.3.1　混凝土浇筑应注意的问题

1. 防止离析

　　混凝土自高处倾落的自由高度不应超过 2m；在竖向结构中限制自由倾落高度不宜超过 3m。应沿串筒、斜槽或振动溜管等下料。

2. 施工缝留置

　　施工缝是由于各种原因导致无法连续将结构整体浇筑完成且可能超过混凝土初凝时间时预先确定在适当的部位留设的缝。停歇时间取决于施工技术或施工组织。从空间上讲施工缝是浇筑过程中新、老混凝土的接触面，从时间上讲施工缝是混凝土浇筑的临时停歇点，从性质上讲施工缝既非结构缝也不同于后浇带。

施工缝是结构中的薄弱环节，宜留设在"结构剪力较小、施工较方便"处。在施工缝处继续浇筑混凝土时，应除掉表面的水泥薄膜、松动石子和软弱的混凝土层，表面加以湿润并冲洗干净，但不能有积水。先铺水泥浆或与混凝土砂浆成分相同的砂浆一层，待已浇筑的混凝土强度不低于 $1.2N/mm^2$ 时才允许继续浇筑。浇筑过程中，施工缝应细致捣实，使其紧密结合。

4.3.3.2 混凝土浇筑方法

1. 混凝土浇筑的厚度

混凝土应分层浇筑。应在下层混凝土凝结前完成上层的浇筑和振捣，每层浇筑厚度约200～300mm，具体见表4-6。

混凝土浇筑的厚度   表4-6

项次	捣实混凝土的方法		浇筑层厚度（mm）
1	插入式振动		振动器作用部分长度的1.25倍
2	表面振动		200
3	人工捣固	在基础或无筋混凝土和配筋稀疏结构中	250
		在梁、墙板、柱结构中	200
		在配筋密集的结构中	150
4	轻骨料混凝土	插入式振动	300
		表面振动（振动时需加荷）	200

混凝土应连续浇筑，应在前层混凝土凝结前将次层浇筑完毕。梁、板、柱、墙在结构层应逐层浇筑。对同一层应先浇筑竖向构件（柱、墙）后浇筑水平构件（梁、板），一般分两次浇筑，也可以一次浇筑完成。浇筑应注意对称进行以防止模板及其支架倾斜，每一施工层的每一施工段的墙、柱应连续浇筑到顶。

2. 大体积混凝土结构浇筑

大体积混凝土结构在工业建筑中多用作设备基础，高层建筑中的地下室底板、结构转换层，各类结构的厚大桩基承台或基础底板以及桥梁的墩台等。《大体积混凝土施工规范》GB 50496—2009规定，其尺寸是指混凝土结构实体最小尺寸不小于1m的大体量混凝土。任何就地浇筑的大体积混凝土，因其尺寸太大，必须采取措施解决水化热以及随之引起的体积变形，以最大限度地减少开裂。

（1）温度裂缝的形成与防止

1）温度裂缝的形成

温度裂缝的形成分初期与后期。

①混凝土浇筑初期。大体积混凝土结构浇筑后水泥的水化热量大，由于体积大，水化热聚积在内部不易散发，浇筑初期混凝土内部温度显著升高，而表面散热较快，这样形成较大的内外温差，混凝土内部产生压应力，而表面产生拉应力，如温差过大则易于在混凝土表面产生裂纹。

②混凝土浇筑后期。浇筑后期混凝土内部逐渐散热冷却产生收缩时，由于受到基底或已浇筑的混凝土的约束，接触处将产生很大的剪应力，在混凝土正截面形成拉应力。当拉应力超过混凝土当时龄期的极限抗拉强度时，便会产生裂缝，甚至会贯穿整个混凝土断

面，由此带来严重的危害。

大体积混凝土结构的浇筑，两种裂缝（尤其是后期裂缝）都应设法防止。

2）混凝土温度裂缝防止措施

优先选用水化热低的水泥，降低水泥用量、掺入适量的粉煤灰、降低浇筑速度、减小浇筑层厚度；浇筑后宜进行测温，采取蓄水法或覆盖法进行降温或进行人工降温措施。控制内外温差不超过25℃，必要时，经过计算和取得设计单位同意后可留施工缝而分段分层浇筑。

（2）大体积混凝土的整体性

如要保证混凝土的整体性，则要求保证使每一浇筑层在初凝前就被上一层混凝土覆盖并捣实成为整体。大体积混凝土结构的浇筑方案，可分为全面分层、分段分层和斜面分层3种（见图4-40）。全面分层法要求混凝土浇筑强度较大，斜面分层法要求混凝土浇筑强度较小。工程中可根据结构物的具体尺寸、捣实方法和混凝土供应能力，通过计算选择浇筑方案。目前应用较多的是斜面分层法。采用分段分层法施工时，段的宽度不宜小于2m，因为分段宽度过小，就相当于斜面分层的施工方法。在斜面分层法施工时，斜面的坡度不应大于新浇混凝土的自然流淌的坡度，对一般混凝土控制其不大于1/3，对泵送混凝土控制在1/6～1/10。

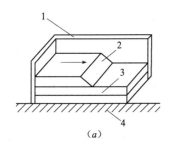 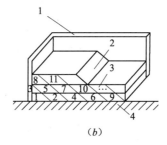 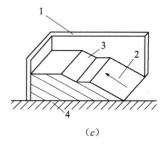

（a）　　　　　　　　（b）　　　　　　　　（c）

图4-40　大体积混凝土浇筑方案

（a）全面分层；（b）分段分层；（c）斜面分层

1—模板；2—新浇筑的混凝土；3—已浇筑的混凝土；4—基础

4.3.3.3　混凝土密实成型

混凝土拌合物密实成型的途径有三：一是借助于机械外力（如机械振动）来克服拌合物内部的剪应力而使之液化；二是在拌合物中适当多加水以提高其流动性，使之便于成型，成型后用分离法、真空作业法等将多余的水分和空气排出；三是在拌合物中掺入高效能减水剂，使其坍落度大大增加，可自流浇筑成型。第一种方法应用最为广泛，下面着重讨论振动密实成型。

混凝土振捣的原理是混凝土颗粒在振动力作用下引起颤动，破坏了混凝土颗粒间的黏结力和摩擦力，使混凝土由"塑性状态"变换成"重质液体状态"，骨料下沉，气泡向上排出，水泥浆充满整个模板，混凝土得以密实。振动停止后混凝土又由"重质液体状态"恢复到"塑性状态"。"塑性状态"和"重质液体状态"是可逆的。混凝土振捣的目的是为了提高混凝土的密实度。在振捣器的振动作用下，混凝土内颗粒受到连续振荡作用，流动性显著改善充满模板，密实度和均匀性都显著提高。

混凝土的振捣有人工振捣和机械振捣两种。人工捣实是利用捣锤、插钎等工具的冲击力来使混凝土密实成型。机械捣实是将振动器的振动力以一定的方式传给混凝土，使之发生强迫振动破坏水泥浆的凝胶结构，降低水泥浆的黏度和骨料之间的摩擦力，提高了混凝土拌合物的流动性，使其密实成型。常用的振动机械按其工作方式分为内部振动器、外部振动器、表面振动器和振动台（见图4-41）。

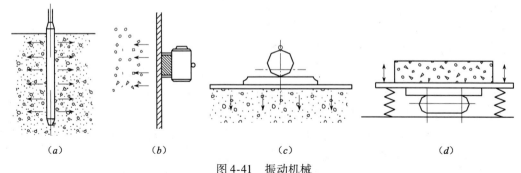

图 4-41　振动机械
(a) 内部振动器；(b) 外部振动器；(c) 表面振动器；(d) 振动台

内部振动器：建筑工地常用，多用于振实梁、柱、墙、大体积混凝土和基础等。振动时应垂直插入，并插入下层混凝土50mm，以促使上下层混凝土结合成整体。振动器振捣持续时间应以混凝土捣实为限。

外部振动器：直接安装在模板外侧的横档或竖档上，利用偏心块旋转产生的振动力通过模板传递给混凝土，使之振实。

表面振动器：适用于捣实楼板、地面、板形构件和薄壳等薄壁结构。在无筋或单层钢筋结构中，每次振实的厚度不大于250mm，在双层钢筋结构中，每次振实的厚度不大于120mm。

振动台：振动台是一个支承在弹性支座上的工作平台，在平台下面装有振动机构。当振动机构运转时，带动工作台强迫振动，从而使在工作台上制作构件的混凝土得到振实。

4.3.3.4　混凝土养护

混凝土拌合物经过浇筑密实成型后，其凝结核硬化通过水泥的水化作用实现。水泥的水化作用需要在适当的温度和湿度条件下完成。因此，为保护混凝土在规定龄期内达到设计要求的强度，保证质量，必须做好养护工作。

混凝土养护有标准养护法、自然养护法和加热养护法，现场施工多采用自然养护。

混凝土的自然养护——在平均气温高于5℃的条件下于一定时间内使混凝土保持湿润状态。自然养护分洒水养护和喷涂薄膜养护液养护两种。自然养护的要求：洒水养护即用草帘等将混凝土覆盖，经常洒水使其保持湿润。养护时间：普通硅酸盐水泥和矿渣硅酸盐水泥拌制的混凝土，不少于7d；掺有缓凝型外加剂或有抗渗要求的混凝土不少于14d。洒水次数以能保证湿润状态为宜。

混凝土标准养护：是指混凝土在温度为（20±3）℃，湿度90%以上的潮湿环境或水中的条件下进行养护。

加热养护的蒸汽养护是指混凝土构件在预制厂内，将蒸汽通入封闭窑内，使混凝土构件在较高的温度和湿度环境下迅速凝结、硬化，达到所要求的强度。

蒸汽养护过程分为静停、升温、恒温、降温4个阶段。

4.3.3.5 混凝土质量的检查

对预拌（商品）混凝土，应在商定的交货地点进行坍落度检查，混凝土的坍落度与要求坍落度之间的允许偏差应符合表4-7的规定。

混凝土坍落度允许偏差 表4-7

坍落度（mm）	允许偏差（mm）
≤50	±10
50～90	±20
≥90	±30

在浇筑混凝土时，应制作供结构或构件拆模、吊装、张拉、放张和强度合格评定用的试件。用于检查结构构件混凝土强度的试件，应在混凝土的浇筑地点随机抽取。

取样与试件留置应符合下列规定：

混凝土试块采用立方体，尺寸为150mm×150mm×150mm。取样时同一盘3块为一组，同强度、同配合比、同生产工艺为一个验收批。

（1）每拌制100盘且不超过100m³的同配合比的混凝土，取样不得少于一次；

（2）每工作班拌制的同一配合比的混凝土不足100盘时，取样不得少于一次；

（3）当一次连续浇筑超过1000m³，同一配合比的混凝土每200m³取样不得少于一次；

（4）每一楼层、同一配合比的混凝土，取样不得少于一次；

（5）每次取样应至少留置一组标准养护试件，同条件养护试件的留置组数应根据实际需要确定。

混凝土的缺陷修整：对混凝土中数量不多的小蜂窝或露石的处理方法是先用钢丝刷或压力水冲洗，再用1:2～1:2.5水泥砂浆抹平。对较大面积的蜂窝、露石和露筋的处理方法是凿去全部深度内的薄弱混凝土层和个别突出骨料；用钢丝刷或压力水冲洗后，用比原混凝土强度等级提高一级的细骨料混凝土填塞，仔细捣实并加强养护。

对混凝土强度严重不足的承重构件应拆除返工，尤其是结构要害部位。对强度降低不大的混凝土可不拆除，但应与设计单位协商，通过结构验算，根据实际强度提出处理方案。

4.3.4 混凝土冬期施工

日平均气温降到5℃或5℃以下，或者最低气温降到0℃或0℃以下时，必须采用冬期施工措施。冬期施工要求：正温浇筑、正温养护。对原材料的加热及混凝土的搅拌、运输、浇筑和养护需进行热工计算。

1. 混凝土冬期施工措施

水泥宜优选硅酸盐水泥和普通水泥，外加剂可使用抗冻、早强、减水、催化剂。优选加热水的方法，也可加热骨料或用热水或蒸汽冲洗搅拌机。保温措施：①可采用保温材料覆盖、电热法；②可选用大容量的搅拌机和运输工具进行输送。

2. 混凝土冬期施工的养护

（1）蓄热法养护

蓄热法就是将具有一定温度的混凝土浇筑后，在其表面用草帘、锯末、炉渣等保温材料并结合塑料布加以覆盖，避免混凝土的热量和水泥的水化热散失太快，以此来维持混凝土在冻结前达到所要求的强度。蓄热法适用于室外最低气温不低于 $-15℃$，表面系数不大于 $5m^{-1}$ 的结构以及地面以下工程的冬期混凝土施工的养护。

（2）蒸汽加热法

蒸汽加热养护分为湿热养护和干热养护两类。湿热养护是让蒸汽与混凝土直接接触，利用蒸汽的湿热作用来养护混凝土，常用的有棚罩法、蒸汽套法以及内部通气法等。干热养护是将蒸汽作为热载体，通过某种形式的散热器将热量传导给混凝土使其升温，如毛管法和热模法就属于这一类。

（3）暖棚法

在被养护的构件和结构外围搭设围护物，形成棚罩，内部安设散热器、热风机或火炉等作为热源，加热空气，使混凝土获得正温的养护条件。

（4）电热法

利用电能作为热源来加热养护混凝土的方法。这种方法设备简单、操作方便、热损失小，能适应各种施工条件。

（5）远红外线养护法

利用远红外辐射器向新浇筑的混凝土辐射远红外线，使混凝土的温度提高从而在较短时间内获得要求的强度。

（6）空气加热法

一是直接用火炉加热。二是利用热空气加热，通过热风机将空气加热，并以一定的压力把热风输送到暖棚或覆盖在结构上的覆盖层之内，使新浇筑混凝土在一定温度及湿度条件下硬化。

4.3.5 混凝土外加剂的作用与效果

混凝土外加剂是在拌制混凝土过程中掺入的，用来改善混凝土性能的物质。其按主要功能分成以下 4 类：

（1）改善混凝土拌合物流变性能的外加剂，如减水剂、引气剂等。

（2）调节混凝土凝结时间、硬化性能的外加剂，如缓凝剂、早强剂等。

（3）改善混凝土耐久性的外加剂，如防水剂、阻锈剂等。

（4）改善混凝土其他性能的外加剂，如防冻剂、着色剂等。

1. 减水剂

减水剂是指能保持混凝土的和易性不变，而显著减少其拌合物用水量的外加剂，起减水作用。水泥加水拌合后，水泥颗粒间会相互吸引，形成许多絮状物。加入减水剂后，减水剂能拆散这些絮状结构，把包裹的游离水释放出来。

2. 早强剂

早强剂是指能提高混凝土早期强度，并对后期强度无显著影响的外加剂。常用的早强剂有氯盐、硫酸盐、三乙醇胺类及其复合物。

3. 引气剂

搅拌混凝土的过程中，能引入大量均匀分布、稳定而封闭的微小气泡的外加剂称为引气剂。引气剂可在混凝土拌合物中引入直径为 0.05~1.25mm 的气泡，能改善混凝土的和易性，提高混凝土的抗冻性、抗渗性等耐久性。常用的有松香热聚物、松香皂等。

4. 防冻剂

能使混凝土在0℃以下硬化，并在规定时间内达到足够防冻强度的外加剂。在0℃以下条件下施工的混凝土工程须加入。一般来说，防冻剂除了能降低冰点外，还有促凝、早强、减水等作用，所以多为复合防冻剂。常用的有 NON-F 型、NC-3 型、MN-F 型、FW2 型、FW3 型等。

5. 膨胀剂

膨胀剂是指与水泥、水拌合后经过水化反应生成钙矾石和氢氧化钙，使混凝土膨胀的外加剂。因化学反应产生膨胀效应的水化产物，在钢筋约束下，这种膨胀转变成压应力，减少或消除混凝土干缩和初凝时的裂缝，改善混凝土的质量，水化生成的钙矾石能填充毛细孔隙，提高混凝土的耐久性、抗渗性。

6. 泵送剂

泵送剂是指改善混凝土泵送性能的外加剂。泵送剂的组分有减水组分、缓凝组分、增稠组分。通过厂家控制质量检验报告和合格证。应用在需要采用泵送工艺的混凝土中。含防冻组分的泵送剂适用于冬期施工的混凝土。

7. 阻锈剂

能抑制或减轻混凝土中的钢筋或其他预埋金属锈蚀。

8. 着色剂

能制备具有稳定色彩的混凝土。

课后思考题

1. 钢筋的种类有哪些？各如何进行分类？
2. 钢筋焊接方法有哪些？各如何焊接？
3. 钢筋的加工方式有哪些？
4. 什么是模板？其组成要求是什么？
5. 什么是混凝土拌合物的和易性？用什么指标表示？
6. 混凝土冬期施工的措施有哪些？
7. 混凝土养护的方法有几种？什么是自然养护？
8. 大体积混凝土的浇筑方案有几种？防止大体积混凝土浇筑出现温度裂缝应采取什么措施？
9. 简述混凝土外加剂的作用。
10. 模板如何分类？
11. 钢筋的连接方式有哪些？
12. 简述爬升模板和滑升模板各自的特点及应用。

5 砌筑工程

用砖、石块、砌块及土坯等各种块体，以砂浆、黏土浆等砌筑而成的一种组合体称为砌体，由砌体所构成的各种结构称为砌体结构，而砌筑工程是指普通黏土砖、硅酸盐类砖、石块和各种砌块的施工（见图5-1）。砖石结构有古老的传统，如埃及金字塔，我国的万里长城、大雁塔等建筑，目前其在工程施工中仍占有相当的比重。

图 5-1   砌筑施工

这种结构具有取材方便、施工简单、造价低廉、耐久性好等优点，但它的施工仍旧以手工操作为主，劳动强度大、生产率低，特别是抗震性能差，而且烧制黏土砖占用大量农田，所以如何采用新型墙体材料，改善砌体施工工艺是砌筑工程发展的重点。

5.1 砌筑材料

砌筑工程所用材料主要是砖、石或砌块及砌筑砂浆。

5.1.1 砖

工程中常用的砖有烧结普通砖、烧结多孔砖、蒸压灰砂空心砖、煤渣砖和烧结空心砖等。其中以烧结普通砖为例介绍，烧结普通砖是指以黏土、页岩、煤矸石、粉煤灰为主要原料经过焙烧而成的普通砖。

烧结普通砖按主要原料分为黏土砖、粉煤灰砖和煤矸石砖等。其抗压强度由高到低依次为 MU30、MU25、MU20、MU15 和 MU10 共 5 等。强度和抗风化性能合格的砖，根据尺寸偏差、外观质量、泛霜和石灰爆裂可分成优等品、一等品、合格品 3 个质量等级。烧结普通砖的外形为直角六面体，尺寸为 240mm × 115mm × 53mm（见图5-2），为国定标准砖，简称普通砖，重约2.6kg/块。

图 5-2   烧结普通砖

5.1.2 砂浆

砌筑砂浆是指将砖、石、砌块等粘结成为砌体的砂浆。砌筑砂浆有水泥砂浆、石灰砂浆和混合砂浆等。

水泥砂浆是由水泥、细骨料和水配制成的砂浆。混合砂浆是由水泥、细骨料、掺加料和水配制成的砂浆。其中细骨料一般采用中砂。掺加料是指石灰膏、电石膏、粉煤灰等。石灰膏——经筛网过滤且熟化时间不少于 7d，严禁使用脱水硬化的石灰膏。砌筑砂浆的强度等级宜采用 M20、M15、M10、M7.5、M5 和 M2.5。水泥砂浆拌合物的密度不小于 1900kg/m³；混合砂浆拌合物的密度不小于 1800kg/m³。

石灰砂浆由石灰、砂子和水按一定比例混合而成。石灰砂浆的和易性比较好，但其强度比较低，加上石灰是一种气硬性胶凝材料，所以石灰砂浆不宜用于潮湿环境和水中，一般宜用于地上的、强度要求不高的低层建筑或临时性建筑。

水泥石灰混合砂浆由水泥、石灰、砂子和水按一定比例混合而成。这种砂浆的强度、和易性、耐水性介于水泥砂浆和石灰砂浆之间，一般用于地面以上的工程。

砌筑砂浆现场搅拌时，各组分材料应采用重量计算。砂浆的拌制一般用砂浆搅拌机，要求拌和均匀。搅拌顺序为：先将砂与水泥干拌均匀，再加水搅拌均匀；搅拌水泥混合砂浆，应先将砂与水泥干拌均匀，再边加掺加料边加水搅拌均匀。

自投料完算起，搅拌时间应符合下列规定：

（1）水泥砂浆和水泥混合砂浆不得小于 2min；

（2）水泥粉煤灰砂浆和掺用外加剂的砂浆不得小于 3min；

（3）掺用有机塑化剂的砂浆，应为 3~5min。

砂浆应随拌随用，常温下，水泥砂浆和混合砂浆必须分别在搅拌后 3h 和 4h 内使用完毕，如气温在 30℃以上，则必须分别在 2h 和 3h 内用完。

5.2 砌筑施工工艺

5.2.1 砌砖施工

用于砌筑清水墙、柱表面的砖，应边角整齐、色泽均匀，砌砖时应予挑选。砖应提前 1~2d 浇水湿润。烧结普通砖含水率宜为 10%~15%。

5.2.1.1 砖墙砌筑工艺

砌砖施工通常包括抄平、放线、摆砖样、立皮数杆、盘角、挂线、铺灰、砌砖、勾缝和清理墙面等工序。

1. 抄平

砌砖墙前，先在基础面或楼面上按标准的水准点定出各层标高，并用水泥砂浆或 C10 细石混凝土找平。

2. 放线

根据龙门板上给定的轴线及设计图纸上标注的墙体尺寸，在基础顶面上用墨线弹出墙的轴线、墙的宽度线，并按设计用钢卷尺定出门洞口的位置线。二楼以上墙的轴线可以用经纬仪或垂球将轴线引上，并弹出各墙的宽度线，划出门洞口的位置线。砌筑基础前，应校核放线尺寸，允许偏差应符合表 5-1 的规定。

放线尺寸的允许偏差   表 5-1

长度 L、宽度 B（m）	允许偏差（mm）
L（或 B）$\leqslant 30$	±5
$30 < L$（或 B）$\leqslant 60$	±10
$60 < L$（或 B）$\leqslant 90$	±15
L（或 B）> 90	±20

3. 摆砖样

也称摆底。按选定的组砌方法，在墙基顶面放线位置试摆砖样（生摆，即不铺灰），尽量使门窗垛符合砖的模数，偏差小时可通过竖缝调整，以减小斩砖数量，并保证砖及砖缝排列整齐、均匀。

4. 立皮数杆

皮数杆是指划有每皮砖和灰缝的厚度，以及门窗洞、过梁、楼板等标高的杆，用以控制每皮砖砌筑的竖向尺寸及预留孔洞。皮数杆的主要作用是控制墙体的竖向尺寸及保证砌体的垂直度。

在砌筑墙体时，皮数杆一般立于房屋的四大角、内外墙交接处以及洞口多的地方，约每隔 0～15m 立一根，所立的皮数杆应确保其位置正确、安设牢固、方向垂直，如图 5-3 所示。皮数杆需用水平仪统一竖立，使皮数杆上的 ±0.00 与建筑物的 ±0.00 相吻合，以后就可以向上接皮数杆。

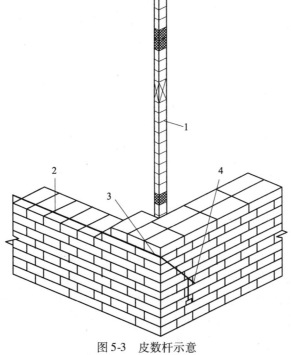

图 5-3　皮数杆示意
1—皮数杆；2—准线；3—竹片；4—圆铁钉

5. 盘角、挂线

砌砖前先盘角，每次盘角不超过 5 层，新盘的大角，及时进行吊、靠，即三皮一吊、五皮一靠，如有偏差要及时修正。挂线砌墙，一般"三七"墙以内单面挂线；"三七"墙以上双面挂线。

6. 铺灰、砌砖

组砌方法：实心砖砌体大都采用全顺、一顺一丁、三顺一丁、梅花丁等，如图 5-4 所示。其次有全顺法、全丁砌法、两平一侧砌法、空斗墙等。

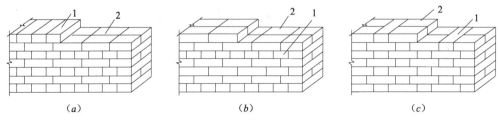

(a)　　　　　　　　(b)　　　　　　　　(c)

图 5-4　组砌方法
(a) 一顺一丁；(b) 三顺一丁；(c) 梅花丁
1—丁砌；2—顺砌

全顺：各皮砖均顺砌，上下皮竖向灰缝相互错开 1/2 砖长，适用于砌半砖厚墙。

一顺一丁：一皮顺砖与一皮丁砖相间，上下皮竖向灰缝相互错开 1/4 砖长，适用于砌一砖厚及其以上的墙。

三顺一丁：三皮顺砖与一皮丁砖相间，顺砖层与顺砖层之间上下皮竖向灰缝相互错开 1/2 砖长，顺砖层与丁砖层之间上下皮竖向灰缝相互错开 1/4 砖长，适用于砌一砖半厚及其以上的墙。

梅花丁：每皮中顺砖与丁砖相间，上皮丁砖座中于下皮顺砖。上下皮竖向灰缝相互错开 1/4 砖长，适用于砌筑一砖厚墙。

每层承重墙的最上一皮砖或梁、梁垫下面，或砖砌体的台阶水平面上及挑出部分最上一皮砖均应采用丁砌层砌筑。砖墙的转角处、交接处，为错缝需要可加砌配砖。半砖厚墙仅需隔皮互相搭接不要配砖。

砌砖的操作方法很多，常见的是"三一"砌砖法，即一块砖、一铲灰、一揉浆并随手将挤出的砂浆刮去的砌筑方法。其优点是灰缝容易饱满、黏结力好、墙面整洁。

5.2.1.2　砌筑质量要求

砌筑工程质量的基本要求是横平竖直、砂浆饱满、灰缝均匀、上下错缝、内外搭砌、接槎牢固。

水平灰缝的砂浆饱满度——不得低于 80%；水平缝厚度和竖缝宽度——（10 ± 2）mm。

上下错缝——砖砌体上下两皮砖的竖缝应当错开，以避免上下通缝。

内外搭砌——同皮的里外砌体通过相邻上下皮的砖块搭砌而组砌得牢固。

"接槎"——指相邻砌体不能同时砌筑而设置的临时间断，便于先砌砌体与后砌砌体之间的接合。接槎分为斜槎和直槎，如图 5-5 所示。

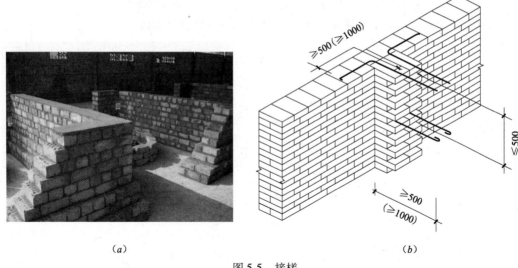

（a）

（b）

图 5-5　接槎
（a）斜槎砌筑；（b）直槎砌筑

5.2.2　砌石施工

石砌体包括毛石砌体和料石砌体两种。在建筑基础、挡土墙、桥梁墩台中应用较多。石砌体采用的石材应质地坚实、无风化剥落和裂纹。用于清水墙、柱表面的石材，应色泽均匀。

石材的强度等级一般分为 MU100、MU80、MU60、MU50、MU40、MU30 和 MU20。五层及五层以上建筑的墙，以及受振动或层高大于 6m 的柱、墙所用石材的最低强度等级为 MU30。

料石又称为条石、块石及方整石，是经过加工形体规矩的棱柱体，分为细料石、粗料石和毛料石。

（1）细料石，通过细加工，外表规则，叠砌面凹入深度不应大于 10mm，截面的宽度、高度不宜小于 200mm，且不宜小于长度的 1/4。

（2）粗料石，规格尺寸同上，但叠砌面凹入深度不应大于 20mm。

（3）毛料石，外形大致方正，一般不加工或仅稍加修整，高度不应小于 200mm，叠砌面凹入深度不应大于 25mm。

与料石相反，毛石形状不规则，是未经过加工、无固定形状的块体，从受力考虑其中部厚度不应小于 150mm。分为乱毛石和平毛石。

5.2.2.1　毛石砌体

毛石砌体是用乱毛石、平毛石砌成的砌体。乱毛石是指形状不规则的石块；平毛石是指形状不规则，但有两个平面大致平行的石块。毛石砌体有毛石基础、毛石墙。毛石砌体的灰缝厚度宜为 20～30mm，石块间不得有相互接触现象。石块间较大的空隙应先填塞砂浆后用碎石块嵌实，不得采用先摆碎石后塞砂浆或干填碎石块的方法。

砌筑要点：分皮卧砌，并应上下错缝、内外搭砌，不能采用外面侧立石块中间填心的砌筑方法；基础的第一皮石块应座浆，大面向下；毛石墙必须设置拉结石，均匀分布，相互错开；毛石砌体每日的砌筑高度不应超过 1.2m。毛石墙和砖墙相接的转角处和交接处应同时砌筑。毛石砌体和毛石混凝土砌体分别见图 5-6 和图 5-7。

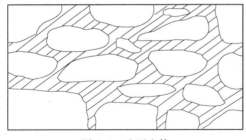

图 5-6　毛石砌体

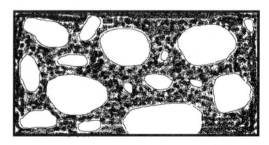

图 5-7　毛石混凝土砌体

5.2.2.2　料石砌体

料石砌体是用毛料石、粗料石或细料石砌成的砌体（见图 5-8）。毛料石、粗料石可砌成基础和墙，细料石可砌成墙或柱。料石砌体灰缝厚度：毛料石和粗料石砌体不宜大于 20mm；细料石砌体不宜大于 5mm。

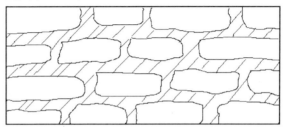

图 5-8　料石砌体

砌筑要点：放置平稳，砂浆铺设厚度应略高于规定的灰缝厚度；基础的第一皮石块应用丁砌层坐浆砌筑；料石砌体亦应上下错缝搭砌；用料石和毛石或砖的组合墙中，料石砌体和毛石砌体或砖砌体应同时砌筑，并每隔 2 ~ 3 皮料石层用丁砌层与毛石砌体及砖砌体拉结砌合。

砌筑方法：同一层石料及水平灰缝的厚度要均匀一致，每层按水平砌筑，丁顺相同，砌石灰缝相互垂直。砌石顺序为先角石，后镶面，再填腹。填腹石的分层高度应与镶面相同；圆端、尖端及转角形砌体的砌石顺序应自顶点开始，按丁顺排列接砌镶面石。

5.2.2.3　砌石施工质量要求

（1）砌体所用各项材料类别、规格及质量符合要求；

（2）砌缝砂浆或细石混凝土铺填饱满程度、强度符合要求；

（3）砌缝宽度、错缝距离符合规定，勾缝坚固、整齐，深度和形式符合要求；

（4）砌筑方法正确；

（5）砌体位置、尺寸不超过允许偏差。

5.2.3　中小型砌块的施工

中小型砌块在我国房屋工程中已得到广泛应用，砌块按材料分，有粉煤灰硅酸盐砌块、普通混凝土空心砌块、煤矸石硅酸盐空心砌块、加气混凝土砌块、轻骨料混凝土砌块等。砌块的规格不一，一般高度为380～940mm的称为中型砌块，高度小于380mm的称为小型砌块。

吊装前应绘制砌块排列图，以指导吊装砌筑施工。砌块排列图按每片纵、横墙分别绘制（见图5-9）。

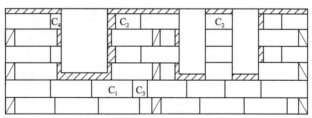

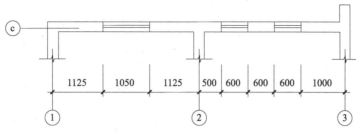

图5-9　砌块排列图

砌块排列图要求：

（1）尽量采用主规格砌块，减少镶砖。

（2）错缝搭砌，搭接长度不小于砌块高度的1/3，并不小于150mm。

（3）水平灰缝厚度一般为10～20mm，有配筋的水平灰缝厚度为20～25mm，竖缝宽度为15～20mm；当竖缝宽度大于40mm时应采用与砌块同强度的细石混凝土填实，当竖缝宽度大于100mm时，应采用黏土砖镶砌。

（4）当楼层高度不足砌块（包括水平灰缝）的整数倍时，用黏土砖镶砌（见图5-10）。

图5-10　黏土砖镶砌

砌块砌筑的工艺流程一般为：铺灰→砌块就位→校正→灌竖缝、镶砖。

5.3 砌筑工程运输

砌块墙的施工特点是砌块数量多，吊次也多，但砌块的重量不太大，通常采用的吊装方案有两种：一是采用塔式起重机进行砌块、砂浆的运输，及楼板等构件的吊装，由台灵架吊装砌块。台灵架在楼层上的转移由塔吊来完成；二是以井架进行材料的垂直运输、杠杆车进行楼板吊装，所有预制构件及材料的水平运输用砌块车和手推车进行。垂直运输设备主要有井架、龙门架、塔式起重机、施工电梯等。砌块吊装示意图见图 5-11。

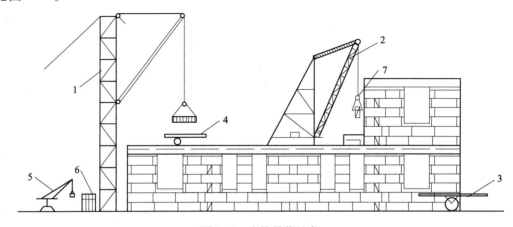

图 5-11　砌块吊装示意
1—井架；2—台灵架；3—杠杆车；4—砌块车；5—少先吊；6—砌块；7—砌块夹

5.4 影响混凝土空心砌块砌体质量的因素

混凝土空心砌块砌体存在的主要质量问题是墙体开裂，而引起开裂的因素有：

（1）空心砌块砌体对裂缝敏感性强。由于砌块的空心率高且壁肋较窄，使砌块与水平灰缝中砂浆的接触面较小，砌块高度又大（190mm），砌筑时竖缝砂浆的饱满度较难保证。这些都会影响砌体的整体性。虽然混凝土空心砌块的抗压强度较高，约为同强度等级普通砖砌体强度的 1.3~1.5 倍，但其抗剪强度却仅为砖砌体的 55%~58%。因而在湿度及温度变化所产生的应力作用下，比普通砖砌体更易出现裂缝。

（2）收缩裂缝。混凝土砌块从生产到砌筑，直至使用，总体上处于一个逐渐失水的过程。而砌块的干缩率很大（约为其温度线膨胀系数的 33 倍）。随着含水率的减少，砌块的体积将显著缩小，从而造成砌体的收缩裂缝。

（3）温度变形裂缝。混凝土宽心砌块砌体的温度线膨胀系数约为普通砌体的 2 倍，所以砌块建筑物的温度胀缩变形及应力比普通砖砌建筑要大很多。

为防止砌块墙体的开裂，施工中应严格控制砌块的含水率，选择性能良好的砌筑砂浆，并采取提高砌体整体性的各项措施。

5.5 砌体工程冬期施工

当室外日平均气温连续5d稳定低于5℃时，砌体工程应采取冬期施工措施。冬期施工期限以外，当日最低气温低于0℃时，也应按冬期施工的规定执行。

5.5.1 冬期施工材料要求

（1）普通砖、空心砖、灰砂砖、混凝土小型空心砌块、加气混凝土砌块和石材在砌筑前，应清除表面污物、冰雪等，不得使用遭水浸和受冻后的砖或砌块。

（2）砂浆宜优先采用普通硅酸盐水泥拌制的砂浆。

（3）石灰膏、黏土膏或电石膏等宜保温防冻，当遭冻结时，应经融化后方可使用。

（4）拌制砂浆所用砂，不得含有直径大于10mm的冻结块或冰块。

（5）拌合砂浆时，水的温度不得超过80℃，砂的温度不得超过40℃，砂浆稠度宜较常温时适当增大。

5.5.2 冬期施工砌筑要求

普通砖、多孔砖和空心砖在气温高于0℃条件下砌筑时，应浇水湿润。在气温低于或等于0℃条件下砌筑时，可不浇水，但必须增大砂浆稠度。砖砌体应采用"三一"砌筑法施工，灰缝厚度不应大于10mm。每日砌筑后，应及时在砌体表面进行保护性覆盖，砌体表面不得留有砂浆。在继续砌筑前，应扫净砌体表面。砂浆试块的留置，除应按常温规定要求外，尚应增留不少于1组与砌体同条件养护的试块，测试检验28d强度。基土无冻胀性时，应在未冻的地基上砌筑。在施工期间和回填土前，均应防止地基遭受冻结。

5.5.3 冬期施工方法

砌体工程冬期施工方法可选用外加剂法、冻结法、暖棚法等。应优先选用外加剂法。对绝缘、装饰等有特殊要求的工程可采用其他方法。

外加剂法即将砂浆的拌合水预先加热，在预热的拌合水中掺入适量的外加剂，使砂浆经过搅拌、运输，在砌筑时仍具有5℃以上的温度，砂浆在砌筑后可以在0℃以下的条件下硬化。外加剂可以使用氯盐或亚硝酸钠等盐类。氯盐以氯化钠为主。

冻结法是用热砂浆砌筑，砌筑完后任其冻结，砂浆冻结期间其强度不增长，靠砂浆与砖、砌块间粘结，保持砌体稳定。待气温升高后，砂浆解冻其强度增长，砌体强度也随之增长。采用冻结法施工的砌体，在解冻期内应制定观测加固措施，并应保证对强度、稳定和均匀沉降要求。

暖棚法是利用简易的遮挡结构和廉价的保温材料，将要砌筑的砌体和工作面临时封闭并进行加热，使之在0℃以上砌筑和养护，砌筑砂浆的强度可以正常增长。暖棚法适用于地下工程、基础工程以及量小又急需砌筑使用的砌体结构。

采用暖棚法施工时，砖、砌块和砂浆在砌筑时的温度不应低于5℃，而距离所砌的砌体底面0.5m处的棚内温度也不应低于5℃。

砌体在暖棚内的养护时间，根据暖棚内的温度可按表5-2确定。

暖棚法砌体养护时间				表 5-2
暖棚内温度（℃）	5	10	15	20
养护时间（d）	≥6	≥5	≥4	≥3

注：表中数值是最小养护期限。

5.6 砌筑工程的安全技术

（1）砌筑操作前必须检查操作环境是否符合安全要求，道路是否畅通，机具是否完好牢固，安全设施和防护用品是否齐全，经检查符合要求后方可施工。

（2）砌基础时，应检查和经常注意基槽（坑）土质的变化情况。

（3）不准站在墙顶上做画线、刮缝及清扫墙面或检查大角垂直等工作。

（4）砍砖时应面向墙体，避免碎砖飞出伤人。

（5）不准在超过胸部的墙上进行砌筑，以免将墙体碰撞倒塌造成安全事故。

（6）不准在墙顶或架子上整修石材，以免振动墙体影响质量或石片掉下伤人。

（7）不准起吊有部分破裂和脱落危险的砌块。

课后思考题

1. 砌筑砂浆有哪些种类？
2. 砖砌体的组砌形式有哪些？
3. 砖砌体的施工工艺有哪些？各如何施工？
4. 砖砌体施工总的施工质量要求是什么？
5. 皮数杆的作用是什么？
6. 影响混凝土空心砌块砌体质量的因素有哪些？
7. 砌体冬期施工的方法有哪些？

6 吊装工程

吊装工程是用各类起重机械将在现场或工厂预制的构件安放到设计位置，吊装工程是装配结构工程施工的主导工种工程。其施工特点如下：

(1) 结构吊装受预制构件的类型和质量影响大；

(2) 选用起重机具是完成吊装任务的主导因素；

(3) 构件施工阶段所处的应力状态变化多；

(4) 高空作业多，易发生事故。

6.1 起重设备

6.1.1 索具设备

索具设备包括卷扬机、钢丝绳、滑轮组、锚锭和横吊梁等。

1. 卷扬机

卷扬机（又称为绞车）是吊装、垂直运输、水平运输、打桩、钢筋张拉等作业的动力设备。按驱动方式可分为手动、电动（结构吊装多用）。电动卷扬机由电动机、卷筒、电磁制动器和减速机构等组成。卷扬机选用的技术参数主要有卷筒牵引力、钢丝绳的速度和卷筒容绳量等（见图 6-1）。卷扬机分手动和电动两种，其中电动卷扬机又分快速和慢速，快速电动卷扬机分为单向和双向。慢速电动卷扬机主要用于吊装结构、钢筋的冷拉等；快速电动卷扬机主要用于垂直运输、水平运输及打桩作业等。

卷扬机必须用地锚进行牢靠的固定，以防止工作时产生滑动造成倾覆。

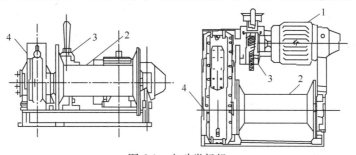

图 6-1 电动卷扬机

1—电动机；2—卷筒；3—电磁制动器；4—减速机构

2. 钢丝绳

钢丝绳是起重机械中用于悬吊、牵引或捆缚重物的挠性件，具有强度高、韧性好、耐磨损等优点。在磨损后它的表面产生毛刺，易于发现，便于防止事故的发生。钢丝绳一般是由 6 股钢绳围绕一根芯绳捻制成，每股钢绳又由许多根直径为 0.4 ~ 2mm、抗拉强度为 1200 ~ 2200MPa 的钢丝按一定规则捻制而成。按捻制方法不同可分为单绕、双绕和三绕。

工程施工中常用的是双绕钢丝绳，它是由钢丝捻成股，再由多股围绕绳芯绕成绳。双绕钢丝绳按照捻制方向分为同向绕、交叉绕和混合绕3种，如图6-2所示。

　　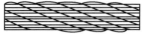　　

（a）　　　　　　　　　　（b）　　　　　　　　　　（c）

图6-2　双绕钢丝绳的绕向
（a）同向绕；（b）交叉绕；（c）混合绕

同向绕、交叉绕和混合绕3种钢丝绳的捻制方向和特点见表6-1。

双绕钢丝绳的捻制和特点　　　　　　　　　　表6-1

钢丝绳	捻制方向	特点
同向绕	钢丝捻成股的方向与股捻成绳的方向相同	挠性好、表面光滑磨损小，但容易松散和扭转，不宜用来悬吊重物
交叉绕	钢丝捻成股的方向与股捻成绳的方向相反	不容易松散和扭转，宜作起吊绳，但挠性差
混合绕	相邻的两股钢丝绕向相反	性能介于上述两者之间，制造复杂，用得较少

钢丝绳按每股钢丝数量的不同又可分为3种。它们的特点与适用场合见表6-2。

钢丝绳的适用性及破断拉力换算系数　　　　　　表6-2

钢丝绳	特点（直径相同的情况下）	适用场合	破断拉力换算系数
6×19	钢丝粗，比较耐磨，但较硬，不易弯曲	缆风绳	0.85
6×37	比较柔软	用作穿滑车组和吊索	0.82
6×61	质地柔软	重型起重机械	0.80

钢丝绳的计算主要包括破断拉力和允许拉力。钢丝绳的破断拉力与其直径、构造和钢丝的极限强度有关。钢丝绳的允许拉力 $[F_g]$ 按公式（6-1）计算：

$$[F_g] = \frac{\alpha F_g}{K} \qquad (6-1)$$

式中　F_g——钢丝绳的钢丝破断拉力总和，kN；

　　　α——换算系数（考虑钢丝受力不均匀性）；

　　　K——安全系数。（见表6-3）

钢丝绳安全系数　　　　　　表6-3

用途	安全系数	用途	安全系数
缆风绳	3.5	吊索（无弯曲）	6~7
手动起重设备	4.5	捆绑吊索	8~10
电动起重设备	5~6	载人升降机	14

3. 滑轮组

滑轮是吊装中的主要起升机具。而滑轮组即由一定数量的定滑轮、动滑轮组成，并通过绕过它们的绳索连为一个整体，可以达到省力和改变力的方向的目的。

4. 锚锭

又称地锚，用来固定卷扬机、缆风绳、导向滑轮等。制作锚锭的材料有木材、混凝土、钢筋混凝土和钢材等。根据制作方式不同又可分成桩式地锚和坑式地锚两种。

5. 横吊梁

又称铁扁担，常用于柱和屋架等构件的吊装。横吊梁有滑轮横吊梁、钢板横吊梁、桁架横吊梁和钢管横吊梁等形式。

6.1.2 起重机械

吊装工程中常用的起重机械有桅杆式起重机、自行式起重机和塔式起重机等。

6.1.2.1 桅杆式起重机

特点：制作简单、装拆方便、起重量大（可达 1000kN 以上）、受地形限制小；灵活性差、工作半径小、移动困难、需拉设缆风绳。

桅杆式起重机可分为独脚把杆、人字把杆、悬臂把杆和牵缆式起重机。

1. 独脚把杆

独脚把杆的结构很简单，由一根把杆、起重滑轮组、卷扬机、缆风绳和锚锭等组成（见图 6-3）。使用时，把杆应保持不大于 10°的倾角，以便吊装的构件不致碰撞把杆，底部设置在硬木或钢制的支座上固定。缆风绳数量一般为 6～12 根，缆风绳与地面夹角为 30°～45°，角度大则会对把杆产生较大压力。把杆起重能力，应按实际情况加以验算。木独脚把杆常用圆木制作，圆木梢径 20～32cm，起重高度 15m 以内，起重量在 10t 以下；钢管独脚

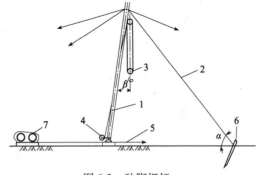

图 6-3　独脚把杆
1—把杆；2—缆风绳；3—起重滑轮组；4—导向装置；5—拉索；6—锚锭；7—卷扬机

把杆用直径 25～30cm、壁厚 8mm 的无缝钢管制作，一般起重高度在 30m 以内，起重量可达 30t；格构式独脚把杆由 4 根角钢作为主肢由若干较小的角钢作为缀条焊接而成，起重高度达 70～80m，起重量可达 100t 以上（见表 6-4）。

独脚把杆的种类　　　　　　　　　　　　　　　　表 6-4

种类	组成	适用性	
		起重高度（m）	起重量（t）
木独脚把杆	独根圆木	8～15	10 以下
钢独脚把杆	钢管	30	30
	格构式	75	100 以上

2. 人字把杆

人字把杆由两根圆木或钢管或格构式截面的独脚把杆、缆风绳、滑轮组、导向轮等组成，顶部相交成 20°～30°夹角，以钢丝绳绑扎或铁件铰接起来，下悬起重滑轮组，底部设置拉杆或拉绳，以平衡把杆自身的水平推力（见图 6-4）。把杆下端两脚距离约为高度的 1/2～1/3。人字把杆的优点是侧向稳定性好，缆风绳较少（一般不少于 5 根）；但是构件起吊后活动范围小，一般仅用于安装重型构件或作为辅助设备以吊装厂房屋盖体系上的轻型构件。

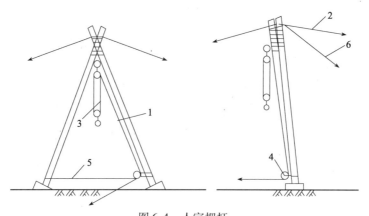

图 6-4 人字把杆
1—把杆；2—缆风绳；3—起重滑轮组；4—导向装置；5—拉索；6—主缆风绳

3. 悬臂把杆

悬臂把杆是在独脚把杆的基础上改制而成。在独脚把杆的中部 2/3 高度处装上一根起重臂，即成悬臂把杆（见图 6-5）。悬臂把杆有较大的起重高度和起重半径，起重高度 5～20m，起重半径 8～15m。这为吊装工作带来了方便。但因起重量较小，故多用于轻型构件的吊装。

4. 牵缆式起重机

牵缆式起重机也叫做回转式把杆，它是在独脚把杆的下端装上一根可以回转和起伏的起重臂而组成（见图 6-6）。牵缆式起重机的整个机身可作 360° 回转，因此其具有较大的起重半径和起重量，并有较好的灵活性。该起重机的起重量一般为 15～60t，起重高度可达 80m，多用于构件多、重量大且集中的结构安装工程。牵缆式起重机的缆风绳用量较多，一般是 6～12 根。

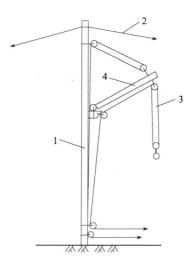

图 6-5 悬臂把杆
1—把杆；2—缆风绳；
3—起重滑轮组；4—起重臂

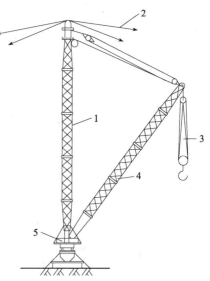

图 6-6 牵缆式起重机
1—把杆；2—缆风绳；3—起重滑轮组；
4—起重臂；5—回转盘

6.1.2.2 自行式起重机

1. 履带式起重机

履带式起重机是一种具有履带行走装置的转臂起重机，可以360°全回转。其起重量和起重高度较大，常用的起重量为100~500kN，目前最大起重量达3000kN，最大起重高度达135m。

履带式起重机由底盘、机身和起重臂3部分组成，如图6-7所示。

履带式起重机的主要技术参数有3个：起重量 Q、起重高度 H 和起重半径 R，这3个技术参数相互制约。起重量、起重高度和回转半径的大小与起重臂长度有关。当起重臂长度一定时：仰角增大，起重量和起重高度增加，而回转半径减小；当起重臂长度增加时：起重半径和起重高度增加而起重量减小。这里需要说明的是：（1）起重量 Q 不包括吊钩、滑轮组的重量；（2）起重半径 R 指起重机回转中心至吊钩的水平距离；（3）起重高度 H 指起重吊钩中心至停机面的垂直距离。

图6-7 履带式起重机

2. 汽车式起重机

汽车式起重机是将起重作业部分安装在汽车通用或专用底盘上，具有载重汽车行驶性能的轮式起重机，如图6-8所示。这种起重机的优点是运行速度快，可以十分迅速地转移施工地点。这种起重机有 Q_1 型、Q_2 型、Q_3 型以及 YD 型随车起重机和 QY 系列起重机等。

图6-8 汽车式起重机

6.1.2.3 塔式起重机

塔式起重机的塔身直立，起重臂安在塔身顶部，可作360°回转。它具有较大的起重高度、工作幅度和起重能力，而且具有拆装方便、操作灵活、工作效率高、机械运转安全可靠等优点，在多层、高层房屋结构安装中应用最广。

塔式起重机按行走机构、变幅方式、回转机构位置及爬升方式的不同可分成若干类型。现仅就轨道式、爬升式和附着式塔式起重机的性能予以介绍。

1. 轨道式塔式起重机

轨道式塔式起重机是工程施工中使用最广泛的一种，它可带重物行走，能同时完成水平运输和垂直运输，且能在直线和曲线轨道上运行，使用安全，生产效率高，起重高度可按需要增减塔身、互换节架。但因需要铺设轨道，装拆及转移耗费工时多，台班费较高，因此使用较少。常用的型号有 QT_1-2、QT_1-6、QT60/80（见图6-9）、QT20 等。

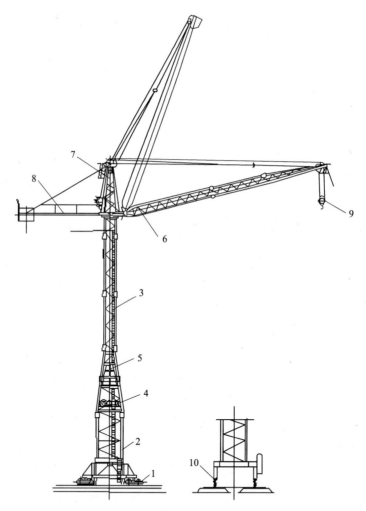

图 6-9　QT60/80 型轨道式塔式起重机
1—从动台车；2—下节塔身；3—上节塔身；4—卷扬机构；5—操纵室；
6—吊臂；7—塔顶；8—平衡臂；9—吊钩；10—驱动台车

2. 爬升式塔式起重机

爬升式塔式起重机又称内爬式塔式起重机。通常爬升式塔式起重机安装在建筑物内部电梯井或特设开间的结构上，借助套架和爬升机构随建筑物的升高而向上自行爬升的起重机械。一般每隔1~2层楼便爬升一次。其特点是塔身短，不需轨道和附着装置，不占施工场地，但全部荷载均由建筑物承受。

这种起重机的优点是起重机以建筑物作支承，塔身短，起重高度大；不占建筑物外围空间。缺点是司机作业不易看到起吊全过程，需靠信号指挥；施工结束后拆卸复杂，一般需设辅助起重机才可以进行拆卸。其爬升过程为准备、提升套架和提升起重机。

3. 附着式塔式起重机

附着式塔式起重机又称自升塔式起重机。直接固定在建筑物或构筑物近旁的混凝土基础上，依靠爬升系统随着建筑施工进度而不断自行接高塔身，使起重高度不断增加（见图6-10）。为了使塔身稳定，塔身每隔20m高度左右用系杆与结构锚固。附着式塔式起重机是一种多用途起重设备，通过更换部件或辅助装置，可作为轨道式、固定式、爬升式和附壁式等不同类型的起重机使用。

图6-10　附着式塔式起重机

6.2　构件吊装工艺

构件的吊装工艺一般包括绑扎、起吊、对位、临时固定、校正和最后固定等工序。下面依次进行介绍。

6.2.1　构件的预制、运输和堆放

1. 构件预制

可采用叠浇法：重叠层数一般不超过4层；上下层间应做好隔离层；上层构件的浇筑应等到下层构件混凝土强度达到设计强度的30%以后才可进行；预制场地应平整夯实，不应产生不均匀沉陷。

2. 构件运输

构件运输时的混凝土强度不应低于设计混凝土强度标准值的75%。

运输过程中构件的支承位置和方法：应按设计的吊（垫）点放置支承点；上、下垫木应保持在同一垂直线上。运输道路要平整坚实，还要有足够的宽度和转弯半径。构件的运输和卸车位置要考虑施工组织设计规定，以免造成构件二次搬运。构件运输示意图如图6-11所示。

3. 构件堆放

布置原则：布置合理，以便一次吊升就位，减少起重设备负荷开行。对于小型构件，则可考虑布置在大型构件之间，布置应便于吊装，减少二次挪动。小型构件也可以随吊随运，这样可减少施工场地的占用。构件堆放时应使吊环向上，标志向外。

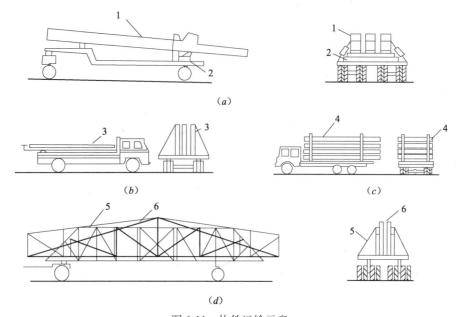

图 6-11　构件运输示意

(a) 拖车运输柱子；(b) 运输梁；(c) 运送大型预制板；(d) 用钢拖架运输桁架

1—柱子；2—垫木；3—大型梁；4—预制板；5—钢拖架；6—大型桁架

6.2.2　构件的绑扎与吊升

6.2.2.1　柱的绑扎与吊升

1. 柱的绑扎

柱身绑扎点数量和绑扎位置一般由设计确定，施工中往往需验算吊装应力和裂缝宽度。按柱吊起后柱身是否能保持垂直状态，相应的绑扎方法有斜吊绑扎法和直吊绑扎法，如图 6-12 和图 6-13 所示。

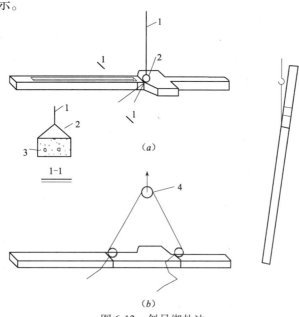

图 6-12　斜吊绑扎法

(a) 一点绑扎；(b) 两点绑扎

1—吊索；2—椭圆销卡环；3—柱子；4—滑车

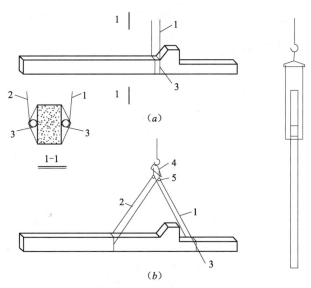

图 6-13　直吊绑扎法

(*a*) 一点绑扎；(*b*) 两点绑扎

1—第一支吊索；2—第二支吊索；3—活络卡环；4—铁扁担；5—滑车

(1) 斜吊绑扎法

它用于柱的宽面抗弯能力满足吊装要求，无须预制柱翻身的情况，但是起吊后柱身与杯底不垂直，对线就位相对难度较大。

(2) 直吊绑扎法

当柱在平卧状态其抗弯强度不满足吊装要求时，吊前柱子要进行翻身，使其侧立再绑扎起吊。柱在起吊后，柱身呈垂直状态，对起重机要求较长的起重臂。

2. 柱的吊升

柱的吊升方法，应根据柱的重量、长度、现场条件、起重机性能等而定。柱的起吊按其在吊升过程中柱身运动的特点分旋转法和滑行法，这两种不同的吊升方法适用于不同的场合；按采用起重机的数量，有单机起吊和双（多）机起吊。

(1) 旋转法

采用旋转法时柱脚宜靠近基础并保持三点共弧（柱的绑扎点、柱脚与柱基中心），起吊时起重机的起重臂应边升钩、边回转，柱子顶也随起重机的运动边升起、边回转，柱脚位置在柱的旋转过程中是不移动的，当柱由水平转为直立后，起重机将柱子吊离地面并旋转至基础上方，然后将柱子插入杯口（见图 6-14）。旋转法的特点是柱子在吊装过程中所受到的振动小、生产率高，但是对起重设备的机动性要求较高，采用自行杆式起重机吊装时宜采用此法。

(2) 滑行法

采用滑行法时柱的绑扎点宜靠近基础并要求两点共弧（柱的绑扎点与柱基中心共弧），起吊时起重臂不动仅起重钩上升，柱顶也随之上升，而柱脚则沿地面滑向基础，直至柱身转为直立状态起重钩将柱提离地面并对准基础杯口中心，然后将柱脚插入杯口（见图 6-15）。采用滑行法时柱在滑行过程中会受到振动，对构件不利，因此宜在杯脚处采取加滑橇（托木）等防护措施以减小柱脚与地面的摩擦。滑行法对起重机械的机动性要求较低，

89

只需要起重钩上升一个动作，当采用独脚桅杆、人字桅杆吊装时常采用此法；另外，对一些长而重的柱子，为便于构件的布置及吊升也常采用此法。

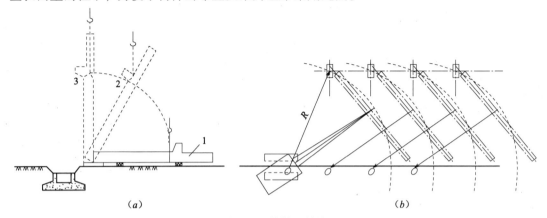

图 6-14　旋转法吊柱
(a) 旋转过程；(b) 平面布置
1—柱子平卧时；2—起吊中途；3—直立

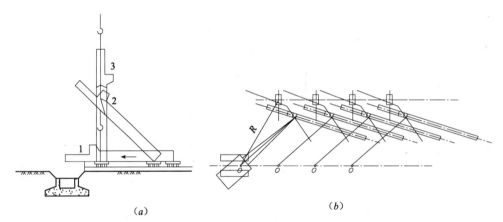

图 6-15　滑行法吊柱
(a) 滑行过程；(b) 平面布置
1—柱子平卧时；2—起吊中途；3—直立

3. 柱的对位与临时固定

柱脚插入杯口后应使柱大致垂直，待其对位完成后，将楔块打紧，将柱子临时固定。

4. 柱子的校正

柱子的校正包括平面位置、标高及垂直度 3 个方面。可使用经纬仪、螺旋式千斤顶等设备进行。

5. 柱子的最后固定

柱子校正完毕后，应立即进行最后固定。在杯口与柱脚的空隙中浇筑细石混凝土，分两次进行。第一次灌至楔块底面以下，待混凝土强度达到设计强度等级的 25% 后，拔出临时固定的楔块，将细石混凝土灌满至杯口顶。

6.2.2.2　屋架的绑扎与吊升

屋架的吊装包括扶直、排放、吊升、对位、临时固定、校正与最后固定等工序。

1. 屋架的绑扎

屋架的绑扎点及绑扎方式与屋架的形式和跨度有关（防止平面外失稳），其绑扎位置及吊点数目一般由设计确定。如施工中实际吊点与设计不符，应进行吊装验算。屋架绑扎时吊索与水平面的夹角不宜小于45°，以免屋架上弦杆承受过大的压力使构件受损。如屋架跨度很大或因加大角，使吊索过长，起重机的起重高度不够时，可采用横吊梁。屋架绑扎方式如图6-16所示。

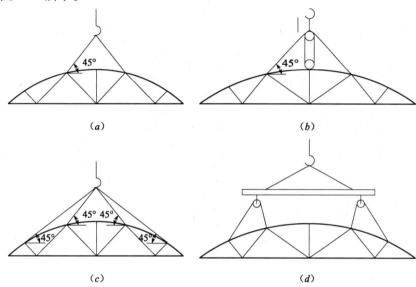

图6-16　屋架绑扎方式

（a）屋架两点绑扎；（b）屋架四点绑扎；（c）屋架三点绑扎；（d）用横吊梁四点绑扎

2. 屋架的吊升

在屋架吊升至柱顶后，使屋架的两端两个方向的轴线与柱顶轴线重合，屋架临时固定后起重机才能脱钩。其他形式的桁架结构在吊装中都应考虑绑扎点及吊索与水平面的夹角，以防桁架弦杆在受力平面外的破坏。必要时，还应在桁架两侧用型钢、圆木作临时加固。

3. 校正与最后固定

屋架的校正主要是检查其垂直度是否符合要求。屋架的竖向偏差可用垂球、经纬仪或电子全站仪进行检查校正。屋架校正垂直后应立即用电焊固定，焊接时应先焊接屋架两端成对角线的两侧边再焊另外两边，应避免因两端同侧施焊而影响屋架的垂直度。

课后思考题

1. 结构吊装工程的施工特点有哪些？
2. 请写出履带式起重机的主要性能参数，并说明它们之间的关系。
3. 简单说明柱子的起吊方法。
4. 如何进行柱的对位、临时固定和最后固定？
5. 桅杆式起重机分为哪几类？

7 脚手架工程

脚手架是施工的重要设施，是为保证高处作业安全、顺利进行施工而搭设的工作平台或作业通道（见图7-1）。在结构施工、装修施工和设备管道的安装施工中，都需要按照操作要求搭设脚手架。本章介绍几种常用的脚手架。

图7-1 脚手架

脚手架的主要作用是：（1）它是施工的操作平台，是保证建筑物在立面上连续施工的重要设备，是确保建筑物顺利施工的重要物质基础；（2）需要满足施工操作所需要的运料、堆料和放置工具的要求；（3）脚手架的上部由防护栏杆、脚手板等组成，并设安全网，对高空作业人员能起到防护作用，以确保施工人员的人身安全；（4）脚手架随着建筑物的高度进行搭设，对于确保工程质量和施工速度非常重要；（5）脚手架要满足多层作业、交叉作业、流水作业和多工种之间的配合作业的要求。

脚手架的种类很多，按其搭设位置分为外脚手架和里脚手架两大类；按其所用材料分为木脚手架、竹脚手架与金属脚手架；按其构造形式分为多立杆式、框式、桥式、吊式、挂式、升降式等。目前脚手架的发展趋势是采用高强度金属材料制作、具有多种功用的组合式脚手架，可以适应不同情况作业的要求。因此，对于脚手架的基本要求是：应满足工人操作、材料堆置和运输的需要；坚固稳定；装拆简便，能多次周转使用。

外脚手架搭设安装的方式有4种基本形式，即落地式脚手架、悬挑式脚手架、吊挂式脚手架及升降脚手架。里脚手架如搭设高度不大时一般用小型工具式的脚手架，如搭设高度较大时可用移动式里脚手架或满堂搭设的脚手架。

7.1 扣件式钢管脚手架

7.1.1 扣件式钢管脚手架的组成

扣件式钢管脚手架由立杆、水平杆、剪刀撑、抛撑、连墙件以及脚手板等组成。

构配件包括以下几个部分：

1. 钢管

脚手架钢管宜采用外径 48 mm、壁厚 3.5 mm 的焊接钢管，也可采用外径 51 mm、壁厚 3.1mm 的焊接钢管。用于横向水平杆的钢管最大长度不应大于 2m，其他杆不应大于 6.5 m，每根钢管最大质量不应超过 25kg，以适合人工搬运。

2. 扣件

扣件式钢管脚手架应采用锻铸铁铸造的扣件，其基本形式有 3 种（见图 7-2）：用于垂直交叉杆件间连接的直角扣件、用于平行或斜交杆件间连接的旋转扣件以及用于杆件对接连接的对接扣件。

(a)

(b)

(c)

图 7-2　扣件形式
(a) 直角扣件；(b) 旋转扣件；(c) 对接扣件

3. 脚手板

脚手板可用钢、木、竹等材料制作，每块质量不宜大于 30kg。冲压钢脚手板是常用的一种脚手板，一般用厚 2mm 的钢板压制而成，长 2～4m，宽 250mm，表面应有防滑措施。木脚手板可采用厚度不小于 50 mm 的杉木板或松木制作，长 3～4m，宽 200～250mm，两端均应设镀锌钢丝箍两道，以防止木脚手板端部破坏。竹脚手板则应用毛竹或楠竹制成竹串片板及竹笆板。脚手板见图 7-3。

4. 连墙件

连墙件将立杆与主体结构连接在一起（见图7-4），可用钢管、扣件或预埋件组成刚性连墙件，也可采用钢筋作拉接筋的柔性连墙件。

图7-3　脚手板　　　　　　　　　　　图7-4　连墙件

5. 底座

底座形式有内插式和外套式两种（见图7-5），内插式的外径 D_1 比立杆内径小2 mm，外套式的内径 D_2 比立杆外径大2 mm。

图7-5　扣件钢管架底座

6. 安全网

安全网应符合现行国家标准《安全网》GB 5725—2009 的规定。

7.1.2　设计计算要求

作用于脚手架的荷载可分为永久荷载（恒荷载）与可变荷载（活荷载）。

设计脚手架的承重构件时，应根据使用过程中可能出现的荷载取其最不利组合进行计算。

脚手架的承载能力应按概率极限状态设计法的要求，采用分项系数设计表达式进行设计。一般应进行下列设计计算：

（1）纵向、横向水平杆等受弯构件的强度和连接扣件的抗滑承载力计算；

（2）立杆的稳定性计算；

（3）连墙件的强度、稳定性和连接强度计算；

（4）立杆地基承载力计算。

7.1.3 脚手架的搭设要求

搭设工艺：夯实平整场地→材料准备→设置通长木垫板→纵向扫地杆→搭设立杆→横向扫地杆→搭设纵向水平杆→搭设横向水平杆→搭设剪刀撑→固定连墙件→搭设防护栏杆→铺设脚手板→绑扎安全网。

根据连墙件设置情况及荷载大小，常用敞开式双排脚手架立杆横距一般为1.05～1.55m，砌筑脚手架步距一般为1.20～1.35m，装饰或砌筑装饰两用的脚手架一般为1.80m，立杆纵距为1.2～2.0m。其允许搭设高度为34～50m。当为单排设置时，立杆横距为1.2～1.4m，立杆纵距为1.5～2.0m。允许搭设高度为24m。

纵向水平杆宜设置在立杆的内侧，其长度不宜小于3跨，纵向水平杆可采用对接扣件连接，也可采用搭接连接。如采用对接扣件连接，则对接扣件应交错布置；如采用搭接连接，搭接长度不应小于1m，并应等间距设置3个旋转扣件固定。

脚手架主节点（即立杆、纵向水平杆、横向水平杆三杆紧靠的扣接点）处必须设置一根横向水平杆用直角扣件扣接且严禁拆除。主节点处两个直角扣件的中心距不应大于150mm。在双排脚手架中，横向水平杆靠墙一端的外伸长度不应大于立杆横距的0.4倍，且不应大于500mm；作业层上非主节点处的横向水平杆，宜根据支承脚手板的需要等间距设置，最大间距不应大于纵距的1/2。

作业层脚手板应铺满、铺稳，离开墙面120～150mm；狭长型脚手板，如冲压钢脚手板、木脚手板、竹串片脚手板等，应设置在3根横向水平杆上。当脚手板长度小于2m时，可采用两根横向水平杆支承，但应将脚手板两端与其可靠固定，严防倾翻。宽型的竹笆脚手板应按其主竹筋垂直于纵向水平杆方向铺设，且采用对接平铺，4个角应用镀锌钢丝固定在纵向水平杆上。

每根立杆底部应设置底座或垫板。脚手架必须设置纵、横向扫地杆。纵向扫地杆应采用直角扣件固定在距底座上皮不大于200mm处的立杆上。横向扫地杆亦应采用直角扣件固定在紧靠纵向扫地杆下方的立杆上。当立杆基础不在同一高度上时，必须将高处的纵向扫地杆向低处延长两跨与立杆固定，高低差不应大于1m。靠边坡上方的立杆轴线到边坡的距离不应小于500mm（见图7-6）。

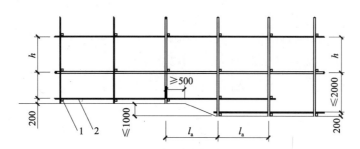

图7-6　纵、横向扫地杆构造
1—横向扫地杆；2—纵向扫地杆

脚手架底层步距不应大于 2m。立杆必须用连墙件与建筑物可靠连接。立杆接长除顶层顶部外，其余各层接头必须采用对接扣件连接。如采用对接扣件连接，则对接扣件应交错布置；当采用搭接方式时，搭接长度不应小于 1m，应采用不少于 2 个旋转扣件固定，端部扣件盖板的边缘至杆端距离不应小于 100mm。

连墙件宜靠近主节点设置，偏离主节点的距离不应大于 300mm；应从底层第一步纵向水平杆处开始设置；一字型、开口型脚手架的两端必须设置连墙件，这种脚手架连墙件的垂直间距不应大于建筑物的层高，并不应大于 4m（2 步）。对高度 24m 以上的双排脚手架，必须采用刚性连墙件与建筑物可靠连接。

双排脚手架应设剪刀撑与横向斜撑，单排脚手架应设剪刀撑。

每道剪刀撑跨越立杆的根数，当剪刀撑斜杆与地面的倾角为 45°时不应超过 7 根；当剪刀撑斜杆与地面的倾角为 50°时不应超过 6 根；当剪刀撑斜杆与地面的倾角为 60°时不应超过 5 根。每道剪刀撑宽度不应小于 4 跨，且不应小于 6 m，斜杆与地面的倾角宜在 45°～60°之间；高度在 24m 以下的单、双排脚手架，均必须在外侧立面的两端各设置一道剪刀撑，并应由底至顶连续设置；中间各道剪刀撑之间的净距不应大于 15m；高度在 24m 以上的双排脚手架应在外侧立面整个长度和高度上连续设置剪刀撑。

横向斜撑应在同一节间，由底层至顶层呈之字型连续布置，斜撑的固定应符合有关规定；一字型、开口型双排脚手架的两端均必须设置横向斜撑，中间宜每隔 6 跨设置一道。

7.2 碗扣式脚手架

碗扣式钢管脚手架是我国参考国外经验自行研制的一种多功能脚手架（见图 7-7），其杆件节点处采用碗扣连接，由于碗扣是固定在钢管上的，构件全部轴向连接，力学性能好，其连接可靠，组成的脚手架整体性好，不存在扣件丢失问题。

图 7-7 碗扣式钢管脚手架

1. 构配件

碗扣式钢管脚手架由钢管立杆、横杆、碗扣接头等组成。其基本构造和搭设要求与扣件式钢管脚手架类似，不同之处主要在于碗扣接头。

碗扣接头由上碗扣、下碗扣、横杆接头和上碗扣的限位销等组成。在立杆上焊接下碗扣和上碗扣的限位销，将上碗扣套入立杆内。在横杆和斜杆上焊接插头。组装时，将横杆和斜杆插入下碗扣内，压紧和旋转上碗扣，利用限位销固定上碗扣。

2. 搭设要求

碗扣式钢管脚手架立柱横距为 1.2m，纵距根据脚手架荷载可为 1.2m、1.5m、1.8m、2.4m，步距为 1.8m、2.4m。搭设时立杆的接长缝应错开，第一层立杆应用长 1.8m 和 3.0m 的立杆错开布置，往上均用 3.0m 长杆，至顶层再用 1.8m 和 3.0m 两种长度找平。高 30m 以下脚手架垂直度偏差应控制在 1/200 以内，高 30m 以上脚手架垂直度偏差应控制在 1/400～1/600，总高垂直度偏差应不大于 100mm。

7.3 门式脚手架

门式脚手架是以门架、交叉支撑、连接棒、挂扣式脚手板或水平架、锁臂等组成基本结构，再设置水平加固杆、剪刀撑、扫地杆、封口杆、托座与底座，并采用连墙件与建筑物主体结构相连的一种标准化钢管脚手架。门式钢管脚手架不仅可作为外脚手架（见图 7-8），也可作为内脚手架或满堂脚手架。

图 7-8　门式外脚手架

1. 门架的组成

门架有多种，用于构成脚手架的基本单元。标准门架宽 1.2m，高 1.7m，由立杆、横杆、加强杆和锁销等焊接组成。门架之间的连接在垂直方向用锁臂。

2. 水平梁架

用于连接门架顶部的水平框架，以增加脚手架的刚度。

3. 剪刀撑

用于脚手架纵向连接两榀门架的交叉型拉杆。

4. 底座与托座

分成可调和固定底（托）座。可调底座用于扩大脚手架的支撑面积和传递竖向荷载，并可调节脚手架的高度及整体水平度、垂直度；固定底座不能调节。

5. 脚手板

采用定型脚手板时在板的两端有挂扣，用于搁置在门架的横杆上并扣紧，供工人站立并可增加门架的刚度。

6. 其他部件

如连接棒、锁臂、钢梯、栏杆、连墙杆等。

7.4 升降式脚手架

升降式脚手架主要特点是：（1）脚手架不需满搭，只搭设满足施工操作及安全各项要求的高度；（2）地面不需做支承脚手架的坚实地基，也不占施工场地；（3）脚手架及其上承担的荷载传给与之相连的结构，对这部分结构的强度有一定要求；（4）随施工进程，脚手架可随之沿外墙升降，结构施工时由下往上逐层提升，装修施工时由上往下逐层下降。

7.4.1 自升降式脚手架

自升降式脚手架的升降运动是通过手动或电动倒链交替对活动架和固定架进行升降来实现的。从升降架的构造来看，活动架和固定架之间能够进行上下相对运动。当脚手架工作时，活动架和固定架均用附墙螺栓与墙体锚固，两架之间无相对运动；当脚手架需要升降时，活动架与固定架中的一个架子仍然锚固在墙体上，使用倒链对另一个架子进行升降，两架之间便产生相对运动。通过活动架和固定架交替附墙，互相升降，脚手架即可沿着墙体上的预留孔逐层升降。自升降式脚手架爬升过程如图7-9所示。

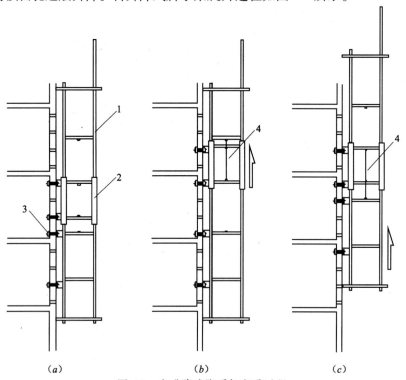

（a）   （b）   （c）

图7-9 自升降式脚手架爬升过程

（a）爬升前的位置；（b）活动架爬升；（c）固定架爬升

1—活动架；2—固定架；3—附墙螺栓；4—倒链

7.4.2 互升降式脚手架

互升降式脚手架将脚手架分为甲、乙两单元，通过倒链交替对甲、乙两单元进行升降。当脚手架需要工作时，甲单元与乙单元均用附墙螺栓与墙体锚固，两架之间无相对运动；当脚手架需要升降时，一个单元仍然锚固在墙体上，使用倒链对相邻一个架子进行升降，两架之间便产生相对运动（见图7-10）。通过甲、乙两单元交替附墙，相互升降，脚手架即可沿着墙体上的预留孔逐层升降。

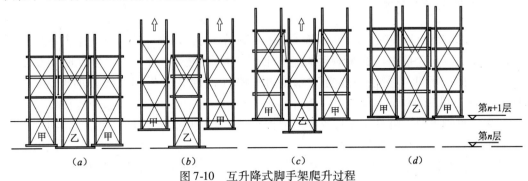

图 7-10 互升降式脚手架爬升过程

（a）第 n 层作业；（b）提升甲单元；（c）提升乙单元；（d）第 n＋1 层作业

7.4.3 整体升降式脚手架

整体升降式外脚手架以电动倒链为提升机，使整个外脚手架沿建筑物外墙或柱整体向上爬升（见图7-11）。搭设高度依建筑物施工层的层高而定，一般取建筑物标准层 4 个层高加 1 步安全栏的高度为架体的总高度。脚手架为双排，宽以 0.8 ~ 1 m 为宜，里排杆离建筑物净距 0.4 ~ 0.6 m。脚手架的横杆和立杆间距都不宜超过 1.8 m，可将 1 个标准层高分为 2 步架，以此步距为基数确定架体横、立杆的间距。

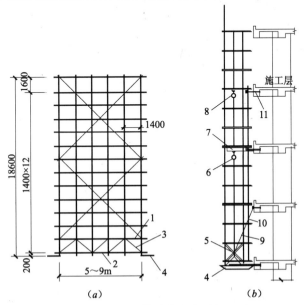

图 7-11 整体升降式脚手架

（a）立面图；（b）侧面图

1—上弦杆；2—下弦杆；3—承力桁架；4—承力架；5—斜撑；6—电动倒链；
7—挑梁；8—倒链；9—花篮螺栓；10—拉杆；11—螺栓

7.5 里脚手架

里脚手架搭设于建筑物内部，每砌完一层墙后，即将其转移到上一层楼面，进行新的一层墙体砌筑。里脚手架也用于室内装饰施工。

里脚手架装拆较频繁，要求轻便灵活，装拆方便。通常将其做成工具式的，结构形式有折叠式、支柱式和门架式。

角钢折叠式里脚手架，其架设间距，砌墙时不超过2m，粉刷时不超过2.5m。根据施工层高，沿高度可以搭设两步脚手，第一步高约1m，第二步高约1.65m。如图7-12所示。

套管式支柱，它是支柱式里脚手架的一种，将插管插入立管中，以销孔间距调节高度，在插管顶端的凹形支托内搁置方木横杆，横杆上铺设脚手架。架设高度为1.5～2.1m。如图7-13所示。

门架式里脚手架，由两片A形支架与门架组成。其架设高度为1.5～2.4m，两片A形支架间距2.2～2.5m。如图7-14所示。

对高度较高的结构内部施工，如建筑的顶棚等可利用移动式里脚手架；如作业面大、工程量大，则常常在施工区内搭设满堂脚手架，材料可用扣件式钢管、毛竹等。

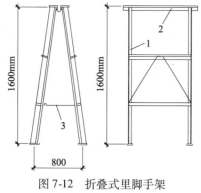

图7-12 折叠式里脚手架
1—立柱；2—横楞；3—挂钩

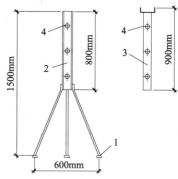

图7-13 套管式支柱
1—支脚；2—立管；3—插管；4—销孔

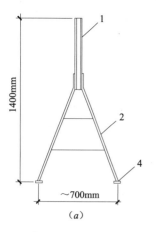

(a)

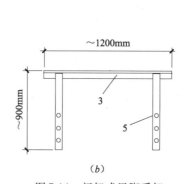

(b)

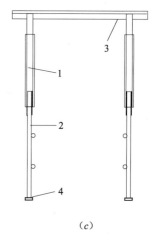

(c)

图7-14 门架式里脚手架
(a) A形支架；(b) 门架 (c) 安装示意
1—立管；2—支脚；3—门架；4—垫板；5—销孔

7.6 脚手架工程的安全技术要求

1. 一般要求

架子工作业时，必须戴安全帽、系安全带、穿软底鞋；脚手材料应堆放平稳，工具应放入工具袋内，上下传递物件时不得抛掷；不得使用腐朽、开裂及受损的脚手板；雨、雪、冰冻天气施工，架子上要有防滑措施，及时清除积雪、冰碴等；复工工程应对脚手架进行仔细检查，发现问题及时处理。

2. 脚手架的搭设

脚手架与墙面之间应设置数量足够且牢固的拉结点，不得随意加大脚手杆距离或不设拉结；地基应整平夯实或加设垫木、垫板，使其具有足够的承载力；必须设置1m高的安全栏杆和18cm高的挡脚板或挂防护立网；脚手板的铺设要满铺、铺平或铺稳，不得有悬挑板；及时设置连墙杆、剪刀撑，避免发生变形、倾倒；要注意防电、避雷。

课后思考题

1. 什么是脚手架？脚手架的作用有哪些？钢管扣件式脚手架由哪几部分组成？
2. 扣件式钢管脚手架的搭设有何要求？
3. 碗扣式脚手架、门式脚手架的构造有哪些特点？搭设中应注意哪些问题？
4. 升降式脚手架有哪些类型？其构造有何特点？
5. 试述自升式脚手架及互升式脚手架的升降原理。
6. 里脚手架的结构有何特点？

8　管道的施工技术

8.1　概述

在工程系统中，管道系统是生产活动和居民生活的"血脉"。各种流体、高压蒸汽，化学气体，液化煤气，酸、碱、盐化学液体，工业废水、生活污水、洁净的饮用水的供给等均需要通过管道进行输送。管道具有多种功能，比如高的强度，需要耐高温、耐腐蚀，优良的致密性，长寿命、易安装，优异的性价比，节能、环保，等等，已经成为人们对管道功能的多方面综合要求。

8.1.1　管材的分类

管子的分类方法很多，按材质可分为金属管、非金属管和钢材非金属复合管。非金属管主要有橡胶管、塑料管、石棉水泥管、玻璃钢管等。给水排水管材品种很多，下面简单说明。

1. 按管道材质分

（1）金属管

1）钢管

钢管按制造方法一般分为无缝钢管和焊接钢管两种。按管材的表面处理形式分为镀锌和不镀锌两种。

无缝钢管在工业管道中用量很大，品种规格多，基本可以分为流体输送用无缝钢管和带有专用性的无缝钢管两种。按材质可分为碳素无缝钢管、铬钼无缝钢管和不锈、耐酸无缝钢管等。按公称压力可分为低压（小于等于1.0MPa）、中压（1.0~10MPa）和高压（大于等于10MPa）3类。

2）铸铁管

铸铁管是由生铁制成的。按其制造方法不同可分为离心铸铁管和连续铸铁管。按其所用的材质不同可分为灰口铁管、球墨铸铁管及高硅铁管。

3）有色金属管

有色金属管在给水排水中常见的是铜管。现在较多应用在室内热水管路中。

（2）混凝土管

包括普通混凝土管、自应力混凝土管、预应力钢筋混凝土管、预应力钢筒混凝土管。自应力混凝土管是我国自己研制成功的。其原理是用自应力水泥在混凝土中产生的膨胀张拉钢筋，使管体呈现受压状态。预应力钢筋混凝土管是人为地在管材内产生预应力状态，以减小或抵消外荷载所引起的应力从而提高强度的管材。预应力钢筒混凝土管是在混凝土中加一层薄钢板，具备了混凝土管和钢筒的特性，能承受较高压力且具有耐腐蚀性，是大输水量较理想的管道材料。

（3）塑料管

塑料管所用的塑料不是纯物质，是由许多材料配制成的，其中高分子聚合物是塑料的主要成分。此外，为改进塑料性能还要在其中添加各种辅助材料，如填料、增塑剂、着色剂等。塑料管按成型过程分为热塑性塑料管和热固性塑料管。

（4）复合管

复合管有铝塑复合管、钢塑复合管、塑复铜管、孔网钢带塑料复合管等。常用的铝塑复合管是由聚乙烯（或交联聚乙烯）、热溶胶、铝、热溶胶、聚乙烯（或交联聚乙烯）5层构成，具有良好的力学、抗腐蚀、耐温和卫生性能。钢塑复合管是以普通镀锌钢管为外层，内衬聚乙烯管，经复合而成。钢塑复合管具有钢管的强度、刚度及塑料管的耐腐蚀、无污染、内壁光滑、阻力小等优点（见图8-1）。

图8-1　复合管道

（5）玻璃钢管

玻璃钢又称为玻璃纤维增强塑料，玻璃钢管是由玻璃纤维、不饱和聚酯树脂和石英砂填料组成的新型复合管道。管道制造工艺主要有纤维缠绕法和离心浇铸法。

（6）石棉水泥管

石棉水泥管的构成为15%～20%石棉纤维，48%～51%水泥和32%～34%硅石。石棉是一系列纤维状硅酸盐矿物的总称，这些矿物有着不同的金属含量、纤维直径、柔软性和表面性质。

（7）石墨管

石墨管是既耐腐蚀而又能导热的非金属管，其导热系数一般比钢大2倍多，并具有良好的耐酸性和耐碱性，能保证产品的纯度，不污染所输送的介质。但密度小、性质脆、机械强度低。

2. 按变形能力分

（1）刚性管道

主要依靠管体材料强度支撑外力的管道，在外荷载作用下其变形很小，管道的失效由管壁强度控制。如钢筋混凝土管、预（自）应力混凝土管。

（2）柔性管道

在外荷载作用下变形显著的管道，竖向荷载大部分由管道两侧土体所产生的弹性抗力所平衡，管道的失效通常由变形而不是管壁的破坏造成。如塑料管和柔性接口的球墨铸铁管等。

8.1.2 各种塑料管简介

1. 聚氯乙烯系列管道（PVC）

它包括硬聚氯乙烯管、软聚氯乙烯管、增强聚氯乙烯管、单双壁聚氯乙烯波纹管、聚氯乙烯消声管、改性聚氯乙烯管等。管材的长度大多数为 6m/根，可盘卷的软管管材长度可达几十米一卷。管材品种、管径不同，其管壁厚度也不同。

聚氯乙烯系列管道的特性如下：

（1）耐化学腐蚀性好，不生锈。

（2）耐老化性能好，可在 $-15 \sim 60℃$ 之间使用 30 ~ 50 年。

（3）电性能良好，体积电阻为 $（1 \sim 3） \times 10^{15} \Omega \cdot cm$，击穿电压为 23 ~ 28kV/mm。

（4）在塑料管当中具有较好的抗拉抗压强度。

（5）具有自熄性和阻燃性。

（6）内壁光滑、表面张力小，很难形成积垢，流体输送能力比铸铁管高 43.7%。

（7）质量轻，约为铸铁管的 1/5。

（8）韧性较低，线膨胀系数大，使用温度范围窄。

2. 聚乙烯系列管道（PE）

聚乙烯树脂分为高密度聚乙烯、中密度聚乙烯和低密度聚乙烯 3 种，它包括高密度聚乙烯埋地给水管、高密度聚乙烯埋地燃气管、中密度聚乙烯埋地燃气管、交联聚乙烯建筑给水管、聚乙烯铝塑复合管等。管材的壁厚随管材的品种、规格不同而异。

聚乙烯系列管道的特性如下：

（1）优异的化学性能，耐腐蚀性好，不生锈。

（2）耐寒、耐热、抗老化，可在 $-30 \sim 70℃$ 下长期使用。在 $20℃$、1.6MPa 工作压力下正常使用 50 年。

（3）具有良好的电绝缘性能。

（4）具有良好的物理机械性能和耐磨性能，与钢的动摩擦系数 μ 为 0.11。

（5）具有优越的抗冲击性能。

（6）优异的韧性，具有很好的伸长率。

（7）柔性好，可弯曲、可盘卷。

（8）内壁光滑、流通阻力小，不积垢，通水量大，水头损失小。

（9）卫生无毒，安全可靠。

（10）可以采用热熔连接或电熔连接，安装费用低。

3. 聚丙烯系列管道（PP）

聚丙烯系列管道的种类不多，主要有均聚聚丙烯管材、改性聚丙烯管材、嵌段共聚聚丙烯管材和无规共聚聚丙烯管材。聚丙烯管材都为直管，不能盘卷。它的长度规格一般为 6m/根，管径范围一般为 16 ~ 160mm。管材的壁厚随管道工作压力、温度和管径的变化而不同。

聚丙烯系列管道的特性如下：

（1）具有优秀的化学性能，耐酸、耐碱、耐腐蚀、不生锈。

（2）耐热保温，最高使用温度为 95℃，长期使用温度为 70℃。

（3）为不良电导体，不会产生电腐蚀现象。

（4）具有较高的力学强度和较好的刚性。

（5）质量轻，在所有的塑料管材中聚丙烯的密度最小。

（6）管材内壁表面光滑，流通阻力小，流通量大，耐磨损不结垢。

（7）原材料可以回收再利用，加工成本低。

（8）无毒卫生。

（9）连接可采用热熔连接或电熔连接。

（10）安装简单易行，操作简便。

4. 金属与塑料复合系列管道

金属与塑料经过复合成型生产的管道简称为复合管道。

常用的复合系列管道品种有铝塑复合管、钢塑复合管、钢网塑料复合管、钢丝塑料复合管等。塑料层材料大多是高密度聚乙烯、中密度聚乙烯或聚丙烯等。金属材料一般为铝、钢、钢网、钢丝等。铝塑复合管和钢塑复合管中还有热熔胶黏合剂。

复合系列管道的特性如下：

（1）优秀的化学性能。耐腐蚀能力强，可抵御强酸强碱等大多数强腐蚀性化学液体。

（2）耐高温也耐低温，可在 $-30 \sim 95℃$ 介质中连续工作，使用寿命可达 50 年。

（3）抗静电，具有良好的电磁屏蔽性能。

（4）具有较高的耐压、耐冲击、抗破裂能力。

（5）小管径管弯曲半径小，并不回弹。

（6）内壁光滑，不积垢，流阻小，比同内径的金属管的流量大 25%~30%。

（7）无毒卫生，安全可靠。

（8）埋地暗管易于埋设、维修和更换。

（9）安装简便，节省安装费用。

（10）采用专用的连接管件连接，简便易行。

5. ABS 管道

ABS 管道是以丙烯腈-丁二烯-苯乙烯树脂（简称 ABS）为原料经挤出加工制得，常用的 ABS 塑料管品种有通用 ABS 管道和 ABS 合金管道。ABS 管的管径不大，一般外径在 20~160mm 范围内。

ABS 管道具有如下特性：

（1）优良的物理机械性能：力学强度较好，较高的冲击强度，良好的抗蠕变性能。

（2）耐多数化学品腐蚀。

（3）可在 $-40 \sim 100℃$ 范围内连续使用，并保持韧性和刚度，室内使用寿命可达 50 年。

（4）良好的阻燃性。

（5）保温性能好。

（6）质量轻，硬度高，耐磨性能好。

（7）内壁光滑，不积垢，流通量大，水头损失小。

（8）卫生无毒，安全。

（9）耐气候性较差，易产生变硬发脆现象。

ABS管一般采用粘结法和螺纹连接法进行连接。用途很广泛，可应用于工业生产、建筑给水排水、食品化工、农业灌溉、渔业养殖等。

6. 玻璃钢管道

玻璃纤维增强塑料管俗称玻璃钢管，它是以糠酮、酚醛、环氧树脂为黏合剂，加入一定量的辅助原料，然后浸渍无碱玻璃布，以其在成形心轴上绕制成管子，后经过固化、脱模和热处理而成。其管材品种分为酚醛增强玻璃钢管、酚醛环氧玻璃钢管、环氧玻璃钢管和不饱和聚酯玻璃钢管。管材的规格可大可小，管材的壁厚根据用途及管径的大小来确定。

玻璃钢管管壁略厚，环向刚度较大，是一种节约能源的管道。具有强度高、耐高温、质量轻、耐磨损、不积垢、无毒卫生、拆装简便和维修容易等特性，可承受较高的内压和较大的外压。

用酚醛树脂制得的玻璃钢管耐热性能良好，长期使用温度可达140℃，使用酚醛环氧树脂制得的玻璃钢管，长期使用温度可达155℃。环氧树脂玻璃钢略带毒性，使用温度略低。不饱和聚酯玻璃钢管固化速度快，工艺性能好，长期使用温度可达100℃。

玻璃钢管道主要应用于石油化工、通风管道和给水排水领域。在建筑业中主要用于埋地给水排水管，可承受较高的内压和较大的外压。

8.1.3 公称直径和管道压力

管道由管子和管路附件组成，附件是指管路上的连接、闭路和调节装置等，包括管件和阀门。由于管路附件和管子种类繁多，为了生产、维修、设计、施工具有互换性，所以要对管子和管路附件实行标准化。标准化的内容包括管子和管路附件的直径、连接尺寸和结构尺寸的标准化以及压力的标准化。

1. 管道直径

管子的直径可分为外径、内径和公称直径。无缝钢管可用符号 D 后附加外径的尺寸和壁厚表示，例如外径为 108mm 的无缝钢管，壁厚为 5mm，用 $D108 \times 5$ 表示；塑料管也用外径表示，如 $De63$，表示外径为 63mm 的管道。其他如钢筋混凝土管、铸铁管、镀锌钢管等采用公称直径 DN（nominal diameter）表示。

公称直径 DN 是管道元件专用的一个关键参数，又称公称通径。《管路附件-公称通径的定义》ISO6708—1995 和《管道元件 DN（公称尺寸）的定义和选用》GB 1047—2005 中明确规定，采用 DN 作为管道及元件的尺寸标识。公称直径由字母 DN 和无因次整数数字组成，代表管道组成件的规格。除在相关标准中另有规定外，字母 DN 后面的数字不代表测量值，也不能用于计算目的；采用 DN 标识系统的那些标准，应给出 DN 与管道元件尺寸的关系。例如同时标识公称直径和外径 DN/OD 或 DN/ID（内径）。管子的公称直径和其内径、外径都不相同，例如公称直径为 100mm 的无缝钢管有 $D102 \times 5$、$D108 \times 5$ 等好几种，可见公称直径是接近于内径，但又不等于内径的一种管子直径的规格名称，为整数。同一公称直径的管子与管路附件均能相互连接，具有互换性。

2. 管道的公称压力 PN、工作压力和设计压力

公称压力 PN 与管道系统元件的力学性能和尺寸特性相关，是由字母和数字组合的标识。它由字母 PN 和无因次的数字组成。字母 PN 后跟的数字不代表测量值，不应用于计算目的，除非在有关标准中另有规定。管道元件允许压力取决于元件的 PN 数值、材料和设计以及允许工作温度等，允许压力在相应标准的压力和温度等级表中给出。

工作压力是指给水管道正常工作状态下作用在管内壁的最大持续运行压力，用 P 表示，不包括水的波动压力。设计压力是指给水管道系统作用在管内壁上的最大瞬时压力，一般采用工作压力及残余水锤压力之和。一般而言，管道的公称压力≥工作压力；化学管材的设计压力 =1.5×工作压力。管道工作压力由管网水力计算而得出。

城镇埋地给水排水管道，必须保证 50 年以上使用寿命。对城镇埋地给水管道的工作压力，应按长期使用要求达到的最高工作压力，而不能按修建管道时初期的工作压力考虑。管道结构设计应根据《给水排水工程管道结构设计规范》GB 50332—2002 规定采用管道的设计内水压力标准值。

3. 工作温度

工作温度通常指制品的最高耐温限度或称耐热温度。工作温度与工作压力是需要同时考虑的，一般来说，介质工作压力越高，制品的允许工作温度越低；反之，介质的工作温度越低，制品的工作压力允许值越高。

8.1.4 管材的选择

管材的选用应根据管道输送介质的性质、压力、温度和铺设条件（埋地、水下、架空等）以及环境介质和管材材质（管子的物理力学性能、耐腐蚀性能）等因素确定。对输送高温高压介质的油、气管道，管材的选用余地很少，基本上都用焊接连接的钢管；对输送有腐蚀作用的介质，则应按介质的性质采用符合防腐要求的管材。

埋地给水管道可用管材品种很多，一般可按内压与管径来选用，如对于小于 $DN800$mm 的管道，可选用 UPVC 实壁管、PE 实壁管、自应力及预应力混凝土管和离心铸造球墨铸铁管；对于 $DN1600$mm 以下的管道，可选用预应力混凝土管、预应力钢筒混凝土管、钢管、离心铸造球墨铸铁管、玻璃钢管等，预应力混凝土管不宜用于内压大于 0.8MPa 的管道；对于大于 $DN1800$mm 的大口径管道，可选用预应力钢筒混凝土管、离心铸造球墨铸铁管、钢管等。

在埋地排水管道方面，以往只有一种混凝土管，现在有各种结构壁管的塑料管。目前可提供的各种 UPVC 排水管，包括加筋管、螺旋缠绕和波纹管，最大管径可达 $DN630$mm；PE 双壁波纹管可达 $DN800$mm，PE 缠绕管和钢肋螺旋复合管管径可达 $DN3000$mm 以上。不过，目前大口径 PE 管比混凝土管价格贵很多，而且大量顶管施工管道还需要用混凝土管，因此塑料管在近期不可能替代大部分大管径混凝土管。玻璃钢管已经开始用于埋地排水管道，也已经成功地将其用于顶管施工，但由于价格因素，在地质条件好的地区不大可能广泛应用。

给水排水管道的管径一般不大于 $DN200$mm，可用管材品种繁多。

选用管材时，与管材连接的管件的选用是一个很关键的问题，管件生产模具多、投资大、周期长，很多生产企业不愿意或难以配齐管件的生产设备，这给建设单位带来了很大的不便，即使有其他企业生产的管件，也难以匹配。例如，柔性接口止水橡胶圈的质量会直接影响到管材、管件的连接部位的止水效果，从一些工程渗漏情况看，大多为橡胶圈质量较差引起。另外，对于管道工程中各种管配件及配套的检查井等附属构筑物，最好采用同管道一样的材料。

另外，管材是管道工程的主要技术内容，管道工程的综合造价与采用的管材有关，在有多种管材可用时，往往采用较便宜的管材。许多城市对各种新型管材尚未制定工程定额，同样的产品，生产厂家提供的价格也不一样，使工程设计很难编制正确的工程预算，这对正确选用管材和推广应用新型管材是不利的。

8.2 管道开槽施工工艺介绍

给水排水管道施工技术目前有开槽施工，顶管施工、水平定向钻进施工和盾构施工等不开槽施工法。管道开槽施工是传统的施工方法，但是目前采用了新管材、新技术和新设备，缩短了工期，此法仍是城镇给水与排水施工的主要方法。不开槽施工减少了对交通、市民正常活动的干扰，减少了房屋拆迁，改善了市容和环境，不开槽施工已成为地下管道施工的最佳方案。

管道的施工一般包括开槽、做基础、排管、下管、稳管、接口、质量检查与验收和土方回填8个工序。具体的施工步骤包括熟悉图纸、施工现场勘查与实测、地下管沟开挖、配合土建施工预留孔洞及预埋件、材料领用、检查及清理、准备工器具、管件及附件制作、管道支架制作、切口、坡口、管口处理与加工、管道及管件组对、连接、焊缝无损检测、焊后热处理、管内清洗、管路试验、防腐、保温、交工验收等工序。其中施工准备与沟槽开挖等工序在第2章和第3章已经进行过阐述，不再重复。

管道开槽施工，根据管道种类、地质状况、管材、施工条件等不同，其施工主要工艺步骤如图8-2所示。

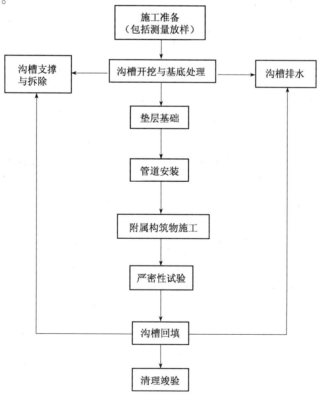

图 8-2 管道开槽施工一般工艺流程

8.2.1 做基础

管道基础是指管子或支撑结构与地基之间经过人工处理过的或专门建造的构筑物，其作用是将管道较为集中的荷载均匀分布，以减少对地基单位面积的压力，或由于土的特殊性质的需要，为使管道安全稳定运行而采取的一种技术措施。

管道基础常用的有原状土基础，砂石基础和混凝土基础3种。

1. 原状土基础

当土壤耐压较高且地下水位在槽底以下时，可直接用原土作基础。排水管道一般挖成弧形槽，称为弧形素土基础，但原状土地基不得超挖或扰动。如局部超挖或扰动时，应根据有关规定进行处理；岩石地基局部超挖时，应将基底碎渣全部清理，回填低强度等级混凝土或粒径10～15mm的砂石夯实。非永冻土地区，管道不得铺设在冻结的地基上；管道安装过程中，应防止地基冻胀。

2. 砂石基础

当管底为岩石、碎石或多石地基时，对金属管道应铺垫不小于100mm厚的中砂或粗砂，对非金属管道应铺垫不小于150mm厚的中砂或粗砂，构成砂基础，再在上面铺设管道。

3. 混凝土基础

混凝土基础一般用于土质松软的地基和刚性接口的管道上，下面铺一层100mm厚的碎石砂垫层。根据地基承载力的实际情况，可采用强度等级不低于C10的混凝土带形基础，也可采用混凝土枕基。混凝土带形基础是沿管道全长做成的基础；而混凝土枕基是只在管道接口处用混凝土块垫起，其他地方用中砂或粗砂填实。

8.2.2 下管和稳管

下管是在沟槽和管道基础已验收合格后进行，下管前应对管材进行检查与修补。管子经过检验、修补后，在下管前还应在槽上排列成行（称为排管），经核对管节、管件无误后方可下管。

重力流管道一般从管道最下游开始逆水流方向铺设，排管时应将承口朝向施工前进的方向；压力流管道若为承插铸铁管时，承口应朝向介质流来的方向，并宜从下游开始铺设，以插口去对承口；当在坡度较大的地段时，承口应朝上，为便于施工，由低处向高处铺设。

1. 下管方法

下管的方法要根据管材种类、管节的重量和长度、现场条件及机械设备等情况来确定，一般分成人工下管和机械下管两种形式。而在缺乏机械或施工现场狭窄时，可采用半机械下管的形式。

（1）人工下管法

人工下管多用于施工现场狭窄、不便于机械操作或重量不大的中小型管子，以方便施工、操作安全为原则。

（2）机械下管法

机械下管一般是用汽车式或履带式起重机械进行下管，机械下管有分段下管和长管段下管两种。分段下管是起重机械将管子分别吊起后下入沟槽内，这种方式适用于大直径的铸铁管和钢筋混凝土管。长管段下管是将刚管节焊接连接成长串管段，用 2～3 台起重机联合起重下管。

2. 稳管

稳管是将管子按设计高程和位置，稳定在地基或基础上。铺设管道宜由低处向高处进行，铺设在平缓地面的承插口管道，承口应朝来水方向；在斜坡地段，承口应朝上，以防止管内水压对接口材料的冲击。

稳管时，控制管道的中心和高程十分重要，也是检查验收的主要内容。

（1）管道轴线位置的控制

轴线位置控制主要有中心线法和边线法。对大型管道可采用经纬仪或全站仪直接控制。

1）中心线法：在连接两块坡度板的中心钉之间的中线上挂一铅锤，当铅锤线通过水平尺中心时，表示管子已经对中。

2）边线法：边线两端栓在槽底或槽壁的边桩上。对中时控制管子水平直径处外皮与边线间的距离为一常数，则管道处于中心位置。用这种方法对中，比中心线法速度快，但准确度不如中心线法。金属给水管对中时，目测垂线在管道中心位置即可。

（2）高程控制

高程控制可用塔尺和水准仪直接控制，也可以用测设的坡度板来间接控制。坡度板控制高程，是沿管线每 10～15m 埋设一坡度板（又称龙门板、高程样板），在稳管前由测量人员将管道的中心钉和高程钉测设在坡度板上，两高程钉之间的连线即为管底坡度的平行线，称为坡度线。坡度线上的任何一点到管内底的垂直距离为一常数，称为下反数。稳管时用一木制样尺垂直放入管内底中心处，根据下反数和坡度线则可控制各步高程。

8.2.3 接口

1. 承插式铸铁管接口

承插式铸铁管接口按嵌缝材料和密封材料的不同，分为刚性接口、柔性接口和半柔半刚性接口。

刚性接口由嵌缝材料和密封材料组成。嵌缝材料主要有油麻、石棉绳；密封材料主要有石棉水泥、膨胀水泥砂浆等。接口形式一般有油麻—石棉水泥、石棉绳—石棉水泥、油麻—膨胀水泥砂浆等。

2. 钢筋混凝土压力管接口

钢筋混凝土压力管多采用承插式橡胶圈接口，其胶圈断面为圆形，能承受 1.0MPa 的内压及一定量的沉陷、错口和弯折；抗震性能好，在地震烈度 10 度左右时接口无破损；橡胶埋置地下耐老化性能好。

接口时产生推力或拉力的装置使胶圈均匀而紧密地就位，常用撬杠顶力法、拉链顶力法或千斤顶顶入法等。

钢筋混凝土压力管采用胶圈接口时一般不需要做封口处理，但遇到对胶圈有腐蚀性的地下水或靠近树木处应进行封口处理。

3. 钢管接口

埋地钢管主要采用焊接接口，管径小于 100mm 时可采用螺纹接口。焊接接口通常采用气焊、手工电弧焊和接触焊等方法，施工现场多采用手动电弧焊。另外也有法兰连接和其他各种柔性接口连接方式。

8.2.4 严密性试验（水压试验）

给水管道一般为压力管道（工作压力大于或等于 0.1MPa 的给水排水管道），所以给水管道全部回填土前应进行强度及严密性试验，管道强度及严密性试验一般采用水压试验法进行测试。

水压试验分为预试验和主试验两个阶段。单口水压试验合格的大口径球墨铸铁管、玻璃钢管、预应力钢筋混凝土管或预应力混凝土管等管道，设计无要求时，压力管道可免去预试验阶段，而直接进行主试验阶段。

水压试验的试验压力按表 8-1 选择确定。

管道水压试验的试验压力（单位：MPa）　　　　　　表 8-1

管材种类	工作压力 P	试验压力
钢管	P	$P + 0.5$，且不小于 0.9
球墨铸铁管	≤0.5	$2P$
	>0.5	$P + 0.5$
预（自）应力混凝土管、预应力钢筒混凝土管	≤0.6	$1.5P$
	>0.6	$P + 0.3$
现浇钢筋混凝土管渠	P	$1.5P$
化学建材管	P	$1.5P$，且不小于 0.8

规范规定：水压试验合格的判定依据分别为允许压力降值和允许渗水量值，按设计要求确定。如设计无要求时，应根据工程实际情况，选用其中一项值或同时采用两项值作为试验合格的最终判定依据。

给水管道必须进行水压合格试验，并网运行前还应进行冲洗与消毒，经检验水质达到标准后，方可允许并网通水使用。

污水、雨污水合流管道及湿陷土、膨胀土、流砂地区的雨水管道，在回填土之前必须进行严密性试验。排水管道严密性试验常用闭水试验，如水源缺失时也可使用闭气试验。闭水试验是在要检查的管段内充满水，并具有一定的作用水头，在规定的时间内观察漏水量的多少。闭水试验宜从上游往下游进行分段，上游段试验完毕，可往下游段倒水，以节约用水。

试验步骤：（1）将试验管段两端的管口封堵，如用砖砌 24cm 厚砖墙并用水泥砂浆抹面，养护 3~4d 达到一定强度后再向试验段内充水，在充水时注意排气。（2）试验管段灌满水后浸泡时间不少于 24h，同时检查封堵、管身、接口有无渗漏。（3）将闭水水位升至试验水头水位，观察管道的渗水量，直至观测结束时，应不断向试验管段内补水，保持标准水头恒定。渗水量的观测时间不少于 30min。

实测渗水量可按公式（8-1）计算：

$$q = \frac{W}{TL} \tag{8-1}$$

式中　q——实测渗水量，L／（min·m）；

　　　W——补水量，L；

　　　T——渗水量观测时间，min；

　　　L——试验管段长度，m。

当 q 小于或等于允许渗水量时，即认为合格。钢筋混凝土管道允许渗水量见表 8-2。

管道允许渗水量 表 8-2

管径（mm）	允许渗水量	
	m³/（24h·km）	L/（h·m）
200	17.60	0.73
300	21.62	0.90
400	25.00	1.04
500	27.95	1.16
600	30.60	1.27
700	33.00	1.38
800	35.35	1.47
1000	39.52	1.65
1100	41.45	1.73
1200	43.30	1.80
1300	45.00	1.88
1400	46.70	1.94
1500	48.40	2.02
1600	50.00	2.08
1700	51.50	2.15
1800	53.00	2.21
1900	54.48	2.27
2000	55.90	2.33

注：1. 管道内径大于表中规定时，按下式计算：$q = 1.25\sqrt{D_i}$；

　　2. 化学管材管道的允许渗水量，按下式计算：$q = 0.0046D_i$，其中 D_i 为管道内径（mm）。

8.2.5 管道的吹扫与清洗

管道在压力试验合格后，建设单位负责组织吹扫或清洗，简称吹洗。管道吹洗可以分为水冲洗、空气吹扫、蒸汽吹扫等。

1. 水冲洗

冲洗管道应使用洁净水，冲洗时，宜采用最大流量，流速不得低于 1.5m/s。排放水应引入可靠地排水井或沟中，排放管的截面积不得小于被冲洗管截面积的 60%。排水时不得形成负压；管道的排水支管应全部冲洗；水冲洗应连续进行，以排出口的水色和透明度与入口水目测一致为合格；当管道经水冲洗合格后暂不运行时，应将水排净并及时吹干。

给水管道的冲洗水，经化验后水质应符合国家《生活饮用水卫生标准》GB 5749—2006 的要求。

2. 空气吹扫

空气吹扫应利用生产装置的大型压缩机，也可利用装置中的大型容器蓄气，进行间断性的吹扫。吹扫压力不得超过容器和管道的设计压力，流速不宜小于 20m/s。吹扫忌油管道时，气体中不得含油。空气吹扫过程中，当目测排气无烟尘时，应在排气口设置贴白布或涂白漆的木制靶板检验，5min 内靶板上无铁锈、尘土、水分及其他杂物，应为合格。

3. 蒸汽吹扫

为蒸汽吹扫安设的临时管道应按蒸汽管道的技术要求安装；蒸汽管道应以大流量蒸汽进行吹扫，流速不应低于 30m/s；蒸汽吹扫前，应先行暖管，及时排水并检查管道热位移；蒸汽吹扫应按加热—冷却—再加热的顺序，循环进行；吹扫时宜采取每次吹扫一根，轮流吹扫的方法；蒸汽管道可用刨光木板进行检验，木板上无铁锈、脏物，应为合格。

8.2.6 回填

由于管线工程完成后即进行道路工程施工，所以回填质量是把握整体工程质量的关键，是施工的重点。回填应在管线结构验收合格后进行，及时回填可保障已经修建工程的正常位置避免塌方，可以尽早恢复地面原状。

沟槽回填压实，应分层进行，且不得损伤管道。每层施工包括还土、摊平、夯实、检查等环节。

1. 还土

还土就是将符合规定或设计的回填土或其他回填材料运入槽内的过程。一般就使用沟槽原土。土中不应含有粒径大于 30mm 的砖块等杂物。有人工还土和机械还土。还土时，不能损伤管道及其接口。

2. 摊平

每还一层土，都要采用人工将土摊平，使每层土都接近水平。每层回填的虚铺厚度，应根据所采用的压实机具按表 8-3 的规定选取。

每层回填的虚铺厚度 表 8-3

压实机具	虚铺厚度（mm）
木夯、铁夯	≤200
轻型压实设备	200～250
压路机	200～300
振动压路机	≤400

3. 夯实

沟槽回填土夯实方法有人工夯实和机械夯实。人工夯实工具有木夯和铁夯，机械夯实工具有轻型压实设备（如蛙式夯）和重型压实设备（如压路机）。

刚性管道沟槽回填的压实作业要符合下列规定：管道两侧和管顶以上 500mm 范围内胸腔夯实，采用轻型压实设备，管道两侧压实面的高差不超过 300mm；管道基础为土弧基础时，应填实管道支撑角范围内腋角部位；压实管道两侧应对称进行，不得使管道位移或损伤；同一沟槽内有双排或多排管道且基础底面位于同一高程，管道之间的回填压实应与管道与槽壁之间的回填压实对称进行，同一沟槽内有双排或多排管道但基础底面的高程不同时，应先回填基础较低的沟槽；当回填至较高基础底面高程后再按上一款规定回填；分段回填压实时，相邻段的接茬应呈台阶形，且不得漏夯。

采用轻型压实设备，应夯实相连；采用压路机时，碾压的重叠宽度不得小于200mm。采用压路机、振动压路机等压实设备压实时，其行驶速度不得超过2km/h。接口工作坑回填时底部凹坑应先回填压实至管底，然后与沟槽同步回填。

柔性管道的沟槽回填应遵守下列规定：回填前检查管道有无损伤或变形，有损伤的管道要修复或更换。管内径大于800mm的柔性管道，回填施工中应在管内设竖向支撑。管基有效支承角范围内，应采用中粗砂填充密实，与管壁紧密接触，不得用土或其他材料填充。管道半径以下回填时应采取防止管道上浮、位移的措施。管道回填时间宜在一昼夜中气温最低时段，从管道两侧同时回填，同时夯实。沟槽回填从管底基础部位开始到管顶以上500mm范围内，必须采用人工回填；管顶500mm以上部位，可用机械从管道轴线两侧同时夯实；每层回填高度不大于200mm。管道位于车行道下，铺设后即修筑路面或管道位于软土地层以及低洼、沼泽、地下水位较高地段时，沟槽回填宜先用中、粗砂将管底腋角部位填充密实后，再用中、粗砂分层回填到管顶以上500mm。回填作业的现场试验段长度应为一个井段或不少于50m，因工程因素变化，改变回填方式时，应重新进行现场试验。

沟槽回填要点见表8-4。

沟槽回填要点   表8-4

回填部位	回填要点
胸腔	1. 管两侧应同时回填，以防管线产生位移 2. 只能采用人工夯实，每次填方厚15cm，用尖头铁锤夯打3遍 3. 夯填土中不得掺有碎砖、瓦砾、杂物等
管顶以上	1. 对管顶以上50~80cm以内的覆土采用小铁锤夯打 2. 管顶80cm以上，可采用蛙式打夯机夯填，每层虚厚30cm

4. 检查

每层回填完成后必须经质检员和试验员检查认可后方准进行下层回填作业。

管道埋设的管顶覆土最小厚度应符合设计要求，且满足当地冻土层厚度要求。管顶覆土厚度或回填压实度达不到设计要求时应与设计单位协商进行处理。为了避免井室周围下沉的问题，在回填施工中应采用双填法进行施工，即井室周围必须与管道回填同时进行。待回填施工完成后对井室周围进行2次台阶形开挖，然后用9%灰土重新回填。

8.2.7 管道防腐与保温

管道防腐与保温是管道安装施工的一项重要工作。管道防腐是为了防止金属管道及设备的锈蚀，延长管道使用寿命。管道防腐分为管道的外防腐和内防腐，管道外防腐包括刷防锈漆、石油沥青防腐等；管道内防腐常采用水泥砂浆内衬防腐。管道保温是为了减少热媒在输送过程中的热量损失以防止管道结露与冻结。管道保温层是使用性能各异的保温材料涂抹捆绑或包缠在已经做完防腐的管道上，减少热损失。常见保温材料有石棉、矿渣棉、玻璃棉、膨胀珍珠岩、泡沫混凝土、石棉硅藻土和蛭石等以及用于低温管道的泡沫塑料等。

8.3 非开挖敷设技术简介

8.3.1 盾构法

1. 盾构的定义

盾构机简称盾构，是一种隧道掘进的专用工程机械，它是一个横断面外形与隧道横断面外形相同，尺寸稍大，利用回旋刀具开挖，内藏排土机具，自身设有保护外壳用于暗挖隧道的机械。如图 8-3 所示。

图 8-3 盾构机

2. 盾构机原理

盾构机的基本工作原理就是一个圆柱体的钢组件沿隧洞轴线边向前推进边对土壤进行挖掘。该圆柱体组件的壳体即护盾，它对挖掘出的还未衬砌的隧洞段起着临时支撑的作用，承受周围土层的压力，有时还承受地下水压以及将地下水挡在外面。挖掘、排土、衬砌等作业在护盾的掩护下进行。

3. 盾构的基本构造

盾构通常由盾构壳体、推进系统、拼装系统、出土系统四大部分组成。盾构的分类方法很多，可按盾构切削面的形式，盾构自身构造的特征、尺寸的大小、功能，挖掘土体的方式，掘削面的挡土形式、稳定掘削面的加压方式，施工方法，适用土质的状况等多种方式进行分类。

4. 盾构机的特点

用盾构机进行隧洞施工具有自动化程度高、节省人力、施工速度快、一次成洞、不受气候影响、开挖时可控制地面沉降、减少对地面建筑物的影响和在水下开挖时不影响水面交通等特点。在隧洞洞线较长、埋深较大的情况下，用盾构机施工更为经济合理。现代盾构掘进机集光、电、液、传感、信息技术于一体，具有开挖切削土体、输送土渣、拼装隧道衬砌、测量导向纠偏等功能，而且可以按照不同的地质进行"量体裁衣"式设计制造，可靠性要求极高，已经广泛应用于地铁、铁路、公路、市政、水电等隧道工程的施工。

8.3.2 水平定向钻

1. 简介

定向钻源于海上钻井平台钻进技术，现在用于铺设管道，钻进方向由垂直方向变成水平方向，为了区分冠以"水平"二字，简称"定向钻"。在欧美，水平定向钻铺设管道已在 20 世纪 70 年代广泛采用。我国采用水平定向钻始于 1985 年，由石油工业部引进了当时国际上先进的大型水平定向钻机（RB－5 型），成功铺设了一条穿越黄河的管道，显示了用水平定向钻穿越复杂地层的优越性，从此开创了我国用水平定向钻穿越大江大河的先例。20 世纪 90 年代，中小型水平定向钻开始充实我国。目前，水平定向钻已被广泛用于铺设口径 1m 以下管道的穿越工程。穿越长度超过千米的已有数根，其中穿越钱塘江输油管道，直径 273mm，穿越长度 2308m，创造了定向钻穿越长度的记录。定向钻见图 8-4。

图 8-4 定向钻

水平定向钻在管道非开挖施工中对地面破坏最小，施工速度最快。管轴线一般呈曲线，可以非常方便地穿越河流、道路、地下障碍物。因其有显著的环境效益，施工成本低，目前已经在天然气、自来水、电力和电信等施工领域广泛采用。

定向钻的轴线一般是各种形状的曲线，管道在铺设中要随之弯曲。所以，用水平定向钻铺设的管道直径不能太大。随着施工技术和定向精度的提高，水平定向钻铺管的管径在增大，长距离穿越的最大管径已经达到 1016mm。

2. 定向原理

水平定向钻机铺管的关键技术是钻头的定向钻进。钻头在钻进时受到两个来自钻机的力：推力和切削力。定向钻的钻头前面带有一个斜面，随着钻头的转动而改变倾斜方向。钻头连续回转时，在推力和切削力的联合作用下钻出一个直孔；钻头不回转时，斜面的倾斜方向不变，这时钻头在钻机的推力作用下向前移动，并朝着斜面指着的方向偏移，则使钻进方向发生改变。所以只要控制斜面的朝向，就控制了钻进的方向。

3. 适用范围

水平定向钻适用土层为黏性土和砂土，且地基标准贯入锤击数 N 值宜小于 30，若混有砾石，其粒径宜在 150mm 以下。水平定向钻铺设的常用管材是聚氯乙烯管（PVC）、高密度聚乙烯管（HDPE）和钢管。

8.3.3 气动矛

1. 简介

气动矛俗称地老鼠或地下火箭，其结构非常简单，由钢质外套（矛体）、活塞和配气装置组成。气动矛在压缩空气作用下，矛体内的活塞作往复运动，不断冲击矛头，矛头在土层中挤压周围土体，形成钻孔并带动矛体前进。形成钻孔后可以直接将待铺管道拉入，也可通过拉扩法将钻孔扩大，以便铺设更大直径的管道。

气动矛可以用于铺设较短距离、较小直径的通信电缆、动力电缆、煤气管及上下水管，具有施工进度快、经济合理的特点。如干管通入建筑物的支管线连接、街道和铁路路堤的横向穿越、煤气管网的入户。气动矛的成孔快，平均为 12m/h。

2. 适用范围

气动矛适用地层一般是可压缩的土层，例如淤泥、淤泥质黏土、软黏土、粉质黏土、黏质粉土、非密实的砂土等。在砂层和淤泥中施工，则要求在气动矛之后直接拖入套管或成品管，这样做不仅用于保护孔壁，而且可提供排气通道。气动矛适用于管径为 150mm 及其以下的 PVC 管、PE 管和钢管。

8.3.4 夯管锤

1. 简介

夯管锤类似于卧放的气锤，是气动矛的互补机型，都是以压缩空气为动力。所不同的是：夯管锤铺设的管道较气动矛大；夯管锤施工时与气动矛相反，始终处于管道的末端；夯管锤铺管不像气动矛那样对土有挤压，因此管顶覆盖层可以较浅。夯管锤铺设较短距离、较大直径的管道具有其突出的特点，适于排水、自来水、电力、通信、油气等管道穿越公路、铁路、建筑物和小型河流，是一种简单、经济、有效的施工技术。

2. 铺管原理

夯管锤是一个低频、大冲击力的气动冲击锤，将铺设的钢管沿设计轴线直接夯入地层。夯管锤对管道的冲击和振动作用，能使进入钢管内的土心疏松或产生液化，对于绝大部分土层，土心均能随着钢管夯入地层而徐徐地进入管内，这样既减小了夯管时的管端阻力，又避免造成地面隆起。同时，振动作用也可减小钢管与地层之间的摩擦力。夯管锤的冲击力还可使比管径小的砾石或块石进入管内，比管径大的砾石或块石被管头击碎。

3. 适用范围

除了岩层和有大量地下水的地层以外，所有地层均可用夯管锤铺管，但在坚硬土层、干砂层和卵石含量超过 50% 的地层中铺管难度较大。适用管材是钢管。适用长度一般不大于 80m。

课后思考题

1. 简述水平定向钻的定向原理。
2. 管材的分类有哪些?
3. 简述管道开槽施工的一般工艺流程。
4. 管道管径及压力的表示方法有哪些?
5. 简述非开挖敷设技术。

9 流水施工原理

9.1 施工组织设计

施工组织设计是规划和指导施工项目从施工准备到竣工验收全过程的一个综合性的技术经济文献。施工组织设计是施工准备工作的重要组成部分，又是做好施工准备工作的主要依据和重要保证。

9.1.1 施工组织设计的任务

施工组织设计就是在各种不同因素的特定条件下，拟订若干个施工方案，然后进行技术经济比较，从中选择最优方案，包括施工方法与施工机械最优、施工进度与成本最优、劳动力与资源组织最优、全工地业务组织最优以及施工平面布置最优等。

9.1.2 施工组织设计的作用

施工组织设计的作用主要体现在：实现项目设计的要求，衡量设计方案施工的可能性和经济合理性；保证各施工阶段的准备工作及时进行；使施工按科学的程序进行，建立正常的生产秩序，协调各施工单位、各工种、各种资源之间的合理关系，明确施工重点，掌握施工关键和控制方法，并提出相应的技术安全措施；为组织物资供应提供必要的依据。

9.1.3 施工组织设计的分类

施工组织设计按编制对象范围的不同分为施工组织总设计、单位工程施工组织设计和分部分项工程施工组织设计。

1. 施工组织总设计

是以整个建设项目或一个建筑群为对象编制的，用以指导全场性施工全过程的各项施工活动的技术、经济和组织的综合性文件。施工组织总设计一般是在初步设计或技术设计被批准后，由建设总承包单位组织编制。

2. 单位工程施工组织设计

单位工程施工组织设计是以一个单位工程为对象编制的，用以指导施工全过程的各项施工活动的技术、经济和组织的综合性文件。单位工程施工组织设计一般在施工图设计完成后，在拟建工程开工前，由单位工程施工项目技术负责人组织编制。

3. 分部分项工程施工组织设计

分部分项工程施工组织设计是以单位工程中复杂的分部分项工程或处于冬、雨期和特殊条件下施工的分部分项工程为对象编制的，用以具体指导其施工作业的技术、经济和组织的综合性文件。分部分项工程施工组织设计的编制工作一般与单位工程施工组织设计同时进行，由单位工程施工项目技术负责人或分部分项工程的分包单位技术负责人组织编制。

施工组织总设计、单位工程施工组织设计、分部分项工程施工组织设计之间有如下关系：施工组织总设计是指导全场性施工活动和控制各个单位工程施工全过程的综合性文件；单位工程施工组织设计是以施工组织总设计和企业施工计划为依据编制的，把施工组织总设计的有关内容在单位工程上具体化；分部分项工程施工组织设计是以施工组织总设计、单位工程施工组织设计和企业施工计划为依据编制的，把单位工程施工组织设计的有关内容在分部分项工程上具体化，是专业工程的作业设计。

9.1.4 施工组织设计的内容

施工组织设计的内容要根据工程对象和工程特点，并结合现有和可能的施工条件，从实际出发确定。不同的施工组织设计在内容和深度方面不尽相同。一般包括如下几方面内容：

1. 工程概况

工程概况中应概要地说明本施工项目的性质、规模、建设地点、结构特点、建筑面积、施工期限；本地区的气象、地形、地质和水文情况；施工力量、施工条件、劳动力、材料、机械设备等供应条件。

2. 施工方案

施工方案选择是依据工程概况，结合人力、材料、机械设备等条件，全面部署施工任务；安排总的施工顺序，确定主要工种的施工方法；对施工项目根据各种可能采用的方案，进行定性、定量的分析，通过技术经济评价，选择最佳施工方案。

3. 施工进度计划

施工进度计划反映了最佳施工方案在时间上的具体安排；采用计划的方法，使工期、成本、资源等方面，通过计算和调整达到既定的施工项目目标；施工进度计划可采用线条图或网络图的形式编制。在施工进度计划的基础上，可编制出劳动力和各种资源需要量计划和施工准备工作计划。

4. 施工（总）平面图

施工（总）平面图是施工方案及进度计划在空间上的全面安排。它是把投入的各种资源（如材料、构件、机械、运输道路、水电管网等）和生产、生活活动场地合理地部署在施工现场，使整个现场能进行有组织、有计划的文明施工。

5. 主要技术经济指标

主要技术经济指标是对确定的施工方案及施工部署的技术经济效益进行全面评价，用以衡量组织施工的水平。施工组织设计常用的技术经济指标有工期指标，劳动生产率指标，机械化施工程度指标，质量、安全指标，降低成本指标，节约"三材"（钢材、木材、水泥）指标等。

9.1.5 施工组织设计的编制依据

施工组织设计的编制依据有以下几个方面：

（1）设计资料，包括设计任务书、初步设计（或技术设计）、施工图样和设计说明、施工组织条件设计等。

（2）自然条件资料，包括地形、工程地质、水文地质和气象等资料。

（3）技术经济条件资料，包括建设地区的建材工业及其产品、资源、供水、供电、通信、交通运输、生产及生活基地设施等资料。

（4）工程承发包合同规定的有关指标，包括项目交付使用日期，施工中要求采用的新结构、新技术、新材料及与施工有关的各项规定指标等。

（5）施工企业及相关协作单位可配备的人力、机械设备和技术状况，以及类型相似或近似项目的经验资料。

（6）国家和地方有关现行规范、规程、定额标准等。

9.2 流水施工概念

9.2.1 流水施工

流水施工是在工程施工中广泛应用、行之有效的组织方法，是提高劳动生产率、保证施工作业顺利进行的有效措施。流水施工是将整个建造过程分解成若干个施工过程，并按照施工过程建立相应的工作队，然后由各专业工作队按照一定的时间间隔依次进场完成各个施工对象的施工任务，从而使各个施工过程衔接紧密且各专业工作队能连续、均衡和有节奏地进行施工的一种作业方式。

流水施工可以保证进入施工现场完成各个施工过程的工人工作的连续性，尽可能保证各工作面上施工作业的连续性，可以使施工全过程做到连续、均衡地消耗资源。

施工过程的合理组织，应考虑以下基本要求：

1. 施工过程的连续性

在施工过程中各阶段、各施工区的人流、物流始终处于不停的运动状态之中，应避免不必要的停顿和等待现象，且使流程尽可能短。

2. 施工过程的协调性

要求在施工过程中基本施工过程和辅助施工过程之间、各道工序之间以及各种机械设备之间在生产能力上要保持适当数量和质量要求的协调（比例）关系。

3. 施工过程的均衡性

在工程施工的各个阶段，力求保持相同的工作节奏，避免忙闲不均、前松后紧、突击加班等不正常现象。

4. 施工过程的平行性

这是指各项施工活动在时间上实行平行交叉作业，尽可能加快速度，缩短工期。

5. 施工过程的适应性

在工程施工过程中对由于各项内部和外部因素影响引起的变动情况具有较强的应变能力。这种适应性要求建立信息迅速反馈机制，注意施工全过程的控制和监督，及时进行调整。

9.2.1.1 组织流水施工的基本条件

（1）能把整个工程建造过程分解成若干个施工过程，每个施工过程能分别由固定的专业施工队负责实施。

（2）能把整个工程尽可能地划分为劳动量大致相等的施工段。

（3）能确定各施工专业队在各施工段内的工作持续时间。

（4）各专业施工队能按照一定的施工工艺，配备必要的设备和工具，依次连续地由一个施工段转移到另一个施工段，完成固定的同类工作。

（5）各专业施工队完成施工过程的时间能适当地搭接起来。

生产实践已经证明，在所有的生产领域中，流水作业法是组织生产的理想方法；流水施工也是建筑安装工程施工有效的科学组织方法之一。它是建立在分工协作的基础上，但是，由于建筑产品及其生产特点的不同，流水施工的概念、特点和效果与其他产品的流水作业也有所不同。

9.2.1.2 各种施工组织方式的特点

考虑工程项目的施工特点、工艺特点、资源利用、平面或空间布置等要求，其施工可以采用依次、平行、流水等施工组织方式。各种施工组织方式的特点说明如下：

1. 依次施工组织方式的特点

依次施工又叫顺序施工。是一种最基本、最原始的施工组织方式。

（1）由于没有充分地利用工作面去争取时间，所以工期长。

（2）工作队不能实现专业化施工，不利于改进工人的操作方法和施工机具，不利于提高工程质量和劳动生产率。

（3）工作队及工人不能连续作业。

（4）单位时间内投入的资源比较少，有利于资源供应的组织工作。

2. 平行施工组织方式的特点

平行施工是指在有若干个相同的施工任务时，组织几个相同的专业工作队，在同一时间、不同的空间上同时开工，平行生产的一种施工组织方式。

（1）充分地利用了工作面，争取了时间，可以缩短工期。

（2）工作队不能实现专业生产，不利于改进工人的操作方法和施工机具，不利于提高工程质量和劳动生产率。

（3）工作队及其工人不能连续作业。

（4）单位时间内投入施工的资源量成倍增长，现场临时设施也相应增加。

3. 流水施工组织方式的特点

（1）科学地利用了工作面，争取了时间，工期比较合理。

（2）工作队及其工人实现了专业化施工，可使工人的操作技术熟练，更好地保证工程质量，提高劳动生产率。

（3）专业工作队及其工人能够连续作业，使相邻的专业工作队之间实现了最大限度地合理的搭接。

（4）单位时间内投入施工的资源量较为均衡，有利于资源供应的组织工作。

3种施工组织方式的特点总结见表9-1。

3 种施工组织方式的特点总结

表 9-1

施工组织方式	依次施工	平行施工	流水施工
劳动力和物资资源	少、不均衡	多、消耗量集中	较少、均衡
工期	长	短	较短
专业工作队的作业	施工间歇	施工连续	施工连续

4. 流水施工的技术经济效果

流水施工在工艺划分、时间排列和空间布置上统筹安排，必然会给相应的项目经理带来显著的经济效果，具体可归纳为以下几点：

（1）便于改善劳动组织，改进操作方法和施工机具，有利于提高劳动生产率。

（2）专业化的生产可提高工人的技术水平，使工程质量相应的提高。

（3）工人技术水平和劳动生产率的提高，可以减少用工量和施工暂设建造量，降低工程成本，提高利润水平。

（4）可以保证施工机械和劳动力得到充分、合理的利用。

（5）由于流水施工的连续性，减少了专业工作的间隔时间，达到了缩短工期的目的，可使拟建工程项目尽早竣工，交付使用，发挥投资效益。

（6）由于工期短、效率高、用人少、资源消耗均衡，可以减少现场管理费和物资消耗，实现合理储存与供应，有利于提高项目经理部的综合经济效益。

9.2.1.3 流水施工的分级

根据流水施工组织的范围不同，流水施工通常可分为：

1. 分项工程流水施工

分项工程流水施工也称为细部流水施工。它是在一个专业工种内部组织起来的流水施工。在项目施工进度计划表上，它是一条标有施工段或工作队编号的水平进度指示线段或斜向进度指示线段。

2. 分部工程流水施工

分部工程流水施工也称为专业流水施工，它是在一个分部工程内部、各分项工程之间组织起来的流水施工。在项目施工进度计划表上，它由一组标有施工段或工作队编号的水平进度指示线段或斜向进度指示线段来表示。

3. 单位工程流水施工

单位工程流水施工也称为综合流水施工。它是在一个单位工程内部、各分部工程之间组织起来的流水施工，在项目施工进度计划表上，它是若干组分部工程的进度指示线段，并由此构成一张单位工程施工进度计划。

4. 群体工程流水施工

群体工程流水施工亦称为大流水施工。它是在一个单位工程之间组织起来的流水施工。反映在项目施工进度计划上，是一张项目施工总进度计划。

按施工过程分解的深度分类可分为彻底分解流水和局部分解流水。

按流水的节奏特征不同，可分为有节奏流水施工和无节奏流水施工两类，其中有节奏流水又可分为等节奏流水（指每一组流水中，每一个施工过程本身在各流水段上的流水节拍都相等，并且在各个施工过程上的流水节拍也都相等，故等节奏流水的流水节拍是一个常数）和异节奏流水（指每一组流水中，每一个施工过程本身在各流水段上的流水节拍都相等，但不同的施工过程之间的流水节拍不一定相同）。无节奏流水，指每一组流水中，每一个施工过程本身在各流水段上的流水节拍不完全相等，也没有规律。

9.2.1.4 流水施工的组织条件

（1）把整个施工对象建造过程分解成若干个施工过程。每个施工过程由固定的专业工作队负责实施完成。施工过程划分的目的，是为了对施工对象的建造过程进行分解，以明确具体专业工作，便于根据建造过程组织各专业施工队依次进入工程施工。

（2）把施工对象尽可能地划分成劳动量或工作量大致相等的施工段（区），也可称流水段（区）。施工段（区）的划分目的是为了形成流水作业的空间。每一个段（区）类似于工业产品生产中的产品，它是通过若干专业生产来完成的。工程施工与工业产品的生产流水作业的区别在于，工程施工的产品（施工段）是固定的，专业队是流动的；而工业生产的产品是流动的，专业队是固定的。

（3）确定各施工专业队在各施工段（区）内的工作持续时间。这个持续时间又称"流水节拍"，代表施工的节奏性。

（4）各工作队按一定的施工工艺，配备必要的机具，依次地、连续地由一个施工段（区）转移到另一个施工段（区），反复地完成同类工作。

（5）不同工作队完成各施工过程的时间适当地搭接起来。不同专业工作队之间的关系，表现在工作空间上的交接和工作时间上的搭接。搭接的目的是缩短工期，也是连续作业或工艺上的要求。

9.2.2 流水施工的组织条件

1. 划分施工段

根据组织流水施工的需要，将拟建工程在平面上或空间上，划分为劳动量大致相等的若干个施工段。

2. 划分施工过程

根据工程的特点及施工要求，划分为若干个分部工程；其次按照工艺要求、工程量大小和施工班组情况，将各分部工程划分为若干个施工过程（即分项工程）。

3. 设置专业班组

根据每个施工过程尽可能组织独立的施工班组，这样可使每个施工班组按施工顺序，依次地、连续地、均衡地从一个施工段到另一个施工段进行相同的工作。

4. 连续、均衡施工

对工程量大、施工时间较长的主要施工过程，必须组织连续、均衡施工；对其他次要施工过程，可连续施工也可间断施工。

5. 组织平行搭接施工

根据施工顺序，不同的施工过程，在有工作面的条件下，除必要的技术和组织间歇时间外，尽可能组织平行搭接施工，这样可以缩短工期。

9.2.3 流水施工参数

流水施工的表达方式，主要有横道图和网络图两种。其中横道图可以分为水平指示图表和垂直指示图表；网络图可分为单代号网络图和双代号网络图。横道图是工程中常用的表达方式，具有绘制简单、形象直观、整齐有序、易看易懂等优点。

9.2.3.1 流水施工图表

流水施工的工程进度计划图表采用线条图表示时，按其绘制方法的不同分为水平图表（横道图）及垂直图表（斜线图），如图 9-1 所示。

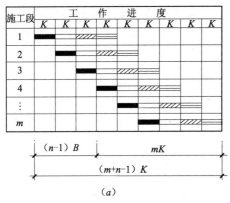 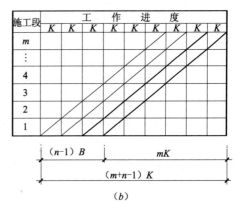

图 9-1 流水施工图表

(a) 水平图表；(b) 垂直图表

水平图表的横坐标表示持续时间，纵坐标表示施工过程或施工专业队编号。它是利用时间坐标上横线条的长度和位置来反映工程中各施工过程的相互关系和施工进度。

垂直图表的横坐标表示持续时间，纵坐标表示施工项目或施工段的编号，垂直图表能直观地反映出在一个施工段或工程对象中各施工过程的先后顺序和配合关系。其斜线斜率能形象地反映出各施工过程的施工速度快慢，适宜于表达流水施工的进度计划。

9.2.3.2 主要流水施工参数介绍

为说明组织流水施工时，各施工过程在时间上和空间上的开展情况及相互依存关系，需要采用参数来对流水施工的组织情况进行描述。这些流水参数包括工艺参数、时间参数和空间参数。

在组织流水施工的过程中，应当科学合理地确定流水施工的三大参数，对这 3 个参数进行认真、有预见性地研究和计算，才能成功组织流水施工。

1. 工艺参数

（1）施工过程数 n

一个工程的施工，通常由许多施工过程（如挖土、支模、扎筋、浇筑混凝土等）组成。施工过程的划分应按照工程对象、施工方法及计划性质等来确定。

当编制控制性施工进度计划时，组织流水施工的施工过程划分可粗一些，一般只列出分部工程名称，如基础工程、主体结构吊装工程等。当编制实施性施工进度计划时，施工过程可以划分得细一些，将分部工程再分解为若干分项工程。如将基础工程分解为挖土、浇筑混凝土基础、回填土等。但是其中某些分项工程仍由多工种来实现，特别是对其中起主导作用和主要的分项工程，往往考虑到按专业工种的不同，组织专业工作队进行施工，为便于掌握施工进度、指导施工，可将这些分项工程再进一步分解成若干个由专业工种施工的工序作为施工过程的项目内容。因此施工过程的性质，有的是简单的，有的是复杂的。如一幢建筑的施工过程数 n，一般可分为 20～30 个，工业建筑往往划分更多一些。而一个道路工程的施工过程数 n，则可以分为 4～5 个。

施工过程分 3 类，即制备类、运输类和建造类。制备类就是为制造建筑制品和半成品而进行的施工过程，如制作砂浆、混凝土、钢筋成型等。运输类就是把材料、制品运送到工地仓库或在工地进行转运的施工过程。建造类是施工中占主导地位的施工过程，它包括安装、砌筑等施工。在组织流水施工计划时，建造类必须列入流水施工组织中，制备类和运输类施工过程，一般在流水施工计划中不必列入，只有直接与建造类有关的（如需占用工期，或占用工作面而影响工期等）运输过程或制备过程，才列入流水施工的组织中。

施工过程是组织流水施工时，用以表达流水施工在工艺上开展层次的有关过程。

（2）流水强度 V

每一个施工过程在单位时间内所完成的工程量（如浇捣混凝土施工过程，每工作班能浇筑多少立方米混凝土）叫流水强度，又称流水能力或生产能力。

1）机械施工过程的流水强度按公式（9-1）计算：

$$V = \sum_{i=1}^{n} R_i S_i \qquad (9\text{-}1)$$

式中　R_i——某种施工机械台数；

　　　S_i——该种施工机械台班生产率；

　　　n——同一施工过程的主导施工机械种数。

2）手工操作过程的流水强度按公式（9-2）计算：

$$V = R \times S \qquad (9\text{-}2)$$

式中　R——每一个施工过程投入的工人人数；

　　　S——每一个工人每班产量。

2. 时间参数

（1）流水节拍 K

流水节拍是一个施工过程在一个施工段上的持续时间。它的大小关系着投入的劳动力、机械和材料量的多少，决定着施工的速度和施工的节奏性。因此，流水节拍的确定具有很重要的意义。通常有两种确定方法：一种是根据工期的要求来确定，另一种是根据现有能够投入的资源（劳动力、机械台数和材料量）来确定。

流水节拍按照公式（9-3）来计算：

$$K = \frac{Q_{\mathrm{m}}}{SR} = \frac{P_{\mathrm{m}}}{R} \qquad (9\text{-}3)$$

式中　Q_{m}——某施工段的工程量；

　　　S——每一工日（或台班）的计划产量；

　　　R——施工人数（或机械台数）；

　　　P_{m}——某施工段所需的劳动量（或机械台班量）。

根据工期要求确定流水节拍时，可用上式反算出所需要的人数（或机械台班数）。这需要检查劳动力、材料和机械供应的可能性，工作面足够与否等。

（2）流水步距 B

两个相邻的施工过程先后进入流水施工的时间间隔，叫流水步距。如木工工作队第1天进入第一施工段工作，工作2d做完（流水节拍 $K=2d$），第3天开始钢筋工作队进入第一施工段工作。木工工作队与钢筋工作队先后进入第一施工段的时间间隔为2d，那么流水步距 $B=2d$。

流水步距的数目取决于参加流水的施工过程数，如施工过程数为 n 个，则流水步距的总数为 $n-1$ 个。

确定流水步距的基本要求如下：

1）始终保持先后两个施工过程合理的工艺顺序；

2）尽可能保持各施工过程的连续作业，不发生停工、窝工现象；

3）做到前后两个施工过程施工时间的最大搭接（即前一施工过程完成后，后一施工过程尽可能早地进入施工）；

4）应满足工艺、技术间歇与组织间歇等间歇时间。

（3）间歇时间 Z

流水施工往往由于工艺要求或组织因素要求，两个相邻的施工过程会增加一定的流水间歇时间，这种间歇时间是必要的，它们分别称为工艺间隙时间和组织间隙时间。

1）工艺、技术间歇时间 Z_1

根据施工过程的工艺性质，在流水施工中除了考虑两个相邻施工过程之间的流水步距外，还要考虑增加一定的工艺或技术间歇时间，如混凝土浇筑后，需要一个养护时间才能进行后道工序的施工等。这些由于工艺、技术等原因引起的等待时间，称为工艺、技术间歇时间。

2）组织间歇时间 Z_2

由于组织因素要求两个相邻的施工过程在规定的流水步距以外增加必要的间歇时间，如质量验收、安全检查等。这种间歇时间称为组织间歇时间。

上述两种间歇时间在组织流水施工时，可根据间歇时间的发生阶段或一并考虑，或分别考虑，以灵活应用工艺间歇和组织间歇的时间参数特点，简化流水施工组织。

3. 空间参数

（1）工作面 A

工作面是表明施工对象上可能安置一定工人操作或布置施工机械的空间大小，所以工作面用来反映施工过程（工人操作、机械布置）在空间上布置的可能性。

工作面的大小可以采用不同的单位来计量，如对于道路工程，可以采用沿着道路的长度以 m 为单位；对于浇筑混凝土楼板则可以采用楼板的面积以 m² 为单位等。

在工作面上，前一个施工过程的结束就为后一个（或几个）施工过程提供了工作面。在确定一个施工过程必要的工作面时，不仅要考虑施工过程必须的工作面，还要考虑生产效率，同时应遵守安全技术和施工技术规范的规定。

（2）施工段数 m

在组织流水施工时，通常把施工对象划分为劳动量相等或大致相等的若干个段，这些段称为施工段。每一个施工段在某一段时间内只供给一个施工过程使用。

施工段可以是固定的，也可以是不固定的。在固定施工段的情况下，所有施工过程都采用同样的施工段，施工段的分界对所有施工过程来说都是固定不变的。在不固定施工段的情况下，对不同的施工过程分别规定出一种施工段划分方法，施工段的分界对于不同的施工过程是不同的。固定的施工段便于组织流水施工，采用较广，而不固定的施工段则较少采用。

在划分施工段时，应考虑以下几点：

1）施工段的分界同施工对象的结构界限（温度缝、沉降缝和建筑单元等）尽可能一致；

2）各施工段上所消耗的劳动量尽可能相近；

3）划分的段数不宜过多，以免使工期延长；

4）对各施工过程均应有足够的工作面；

5）当施工有层间关系，分段又分层时，为使各队能够连续施工，即各施工过程的工作队做完第一段，能立即转入第二段；做完一层的最后一段，能立即转入上面一层的第一段。因而每层最少施工段数目 m_0 应满足 $m_0 \geqslant n$。

当 $m_0 = n$ 时，工作队连续施工，而且施工段上始终有工作队在工作，即施工段上无停歇，是比较理想的组织方式；

当 $m_0 > n$ 时，工作队仍是连续施工，但施工段有空闲停歇；

当 $m_0 < n$ 时，工作队在一个工程中不能连续施工而窝工。

施工段有空闲停歇，一般会影响工期，但在空闲的工作面上如能安排一些准备或辅助工作（如运输类施工过程），则会使后继工作顺利，也不一定有害。而工作队工作不连续则是不可取的，除非能将窝工的工作队转移到其他工地进行工地间大流水。

流水施工中施工段的划分一般有两种形式：一种是在一个单位工程中自身分段，另一种是在建设项目中各单位工程之间进行流水段划分。后一种流水施工最好是各单位工程为同类型的工程，如同类建筑组成的住宅群，以一幢建筑作为一个施工段来组织流水施工。

9.3 节奏流水施工

根据流水节拍的特征，流水过程可以分为节奏流水施工和非节奏流水施工。

节奏流水施工各施工过程在各施工段上持续时间相等，用垂直图表表示时，施工进度线是一条斜率不变的直线，如图9-2（a）所示；与此相反，非节奏流水施工其施工过程在各施工段上的持续时间不等，它的施工进度线，在垂直图表中是一条由斜率不同的几个线段所组成的折线，如图9-2（b）所示。

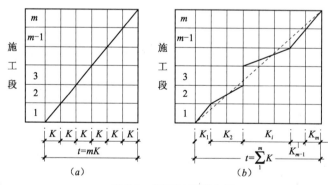

图9-2 施工过程流水图
（a）节奏流水；（b）非节奏流水

任一施工过程节奏流水的总持续时间为：

$$T = mK \tag{9-4}$$

式中 T——持续时间；

K——流水节拍；

m——施工段数。

在节奏流水施工中，根据各施工过程之间流水节拍是否相等或是否成倍数，又可以分为固定节拍流水和成倍节拍流水。

9.3.1 固定节拍流水

图 9-3 是固定节拍流水图表。从图中可以看出，这是一种最为理想的流水施工方式，其特点是：所有施工过程之间的流水节拍均相同；相邻施工过程的流水步距相等，且等于流水节拍；专业工作队数等于施工过程数；各个专业工作队在各施工段上能够连续作业。

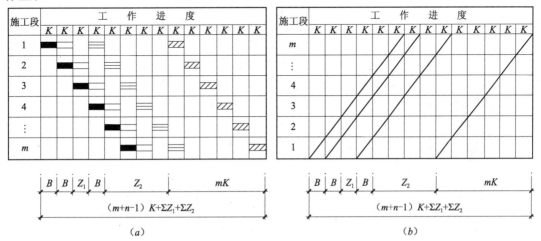

图 9-3 固定节拍流水图表（有工艺间歇）
(*a*) 水平图表；(*b*) 垂直图表

9.3.2 成倍节拍流水施工

在通常情况下，组织固定节拍的流水施工是比较困难的，因为在任一施工段上，不同的施工过程，其复杂程度不同，影响流水节拍的因素也各不相同，很难使各个施工过程流水节拍都一样。但是如果施工段划分得当，保持同一施工过程各施工段的流水节拍相等是能够实现的。使某些施工过程的流水节拍成为其他施工过程流水节拍的倍数称为成倍节拍流水施工。成倍节拍流水施工包括一般的成倍节拍流水施工和加快的成倍节拍流水施工。

为了缩短流水施工工期，一般采用加快的成倍节拍流水施工方式，其施工的特点如下：

（1）同一施工过程在其各个施工段上的流水节拍均相同，不同施工过程的流水节拍不同，但其值为倍数关系；

（2）相邻专业工作队的流水步距相等；

（3）专业工作队数大于施工过程数，即有的施工过程只成立一个专业工作队，而对于流水节拍大的施工过程，可按其倍数增加相应专业工作队数目；

（4）各个专业工作队在施工段上能够连续作业，施工段之间没有空闲时间。

假设，某工程建造 6 个二沉池，每个二沉池的主要施工过程划分为：基础工程 1 个月；钢筋模板工程 3 个月；混凝土工程 2 个月；设备安装工程 2 个月。其施工进度如

图9-4所示。这是一个成倍节拍的专业流水施工。这种流水施工方式，根据工期的不同要求，可以按一般的成倍节拍流水或加快的成倍节拍流水组织流水施工。

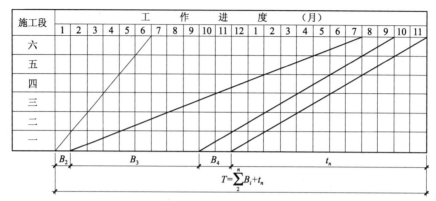

图9-4　成倍节拍专业流水图表

　　按此方法组织流水施工，在实际工程中显然不尽合理。从图中可见基础工程在第二至第六施工段上完成后，钢筋模板工程未能及时插上搭接，使工作面空闲。事实上，第二施工段钢筋模板工程可在第3个月开始施工，又如第一施工段的混凝土工程可在第5个月插入，而为了使工作队工作保持连续性，让该工作面处于等待状态（从第5个月至第9个月），这样安排流水使工作队连续是比较勉强的，而且这样安排的结果使工期大大延长。

　　因此，成倍节拍专业流水在工程中多用加快的成倍节拍流水来组织施工。

　　通过研究图9-4的施工组织方案可知，如果要合理安排施工组织缩短工程的工期，可以通过增加钢筋模板工程、混凝土工程和设备安装工程施工工作队的方法来达到。比如说，钢筋模板由原来的1个队增加到3个队，混凝土工程和设备安装工程施工的工作队也分别由原来的1个队增加到2个队。如在同一沉淀池施工，会受到工作面的限制而降低生产效率。因此，在组织施工时，可安排钢筋模板工程工作队甲完成第一、四沉淀池的钢筋模板施工；钢筋模板工程工作队乙完成第二、五沉淀池的钢筋模板施工；钢筋模板工程工作队丙完成第三、六沉淀池的钢筋模板施工。其他工作队也按此法作相应安排，由此可得图9-5所示的进度计划图表，它的工期为13个月。

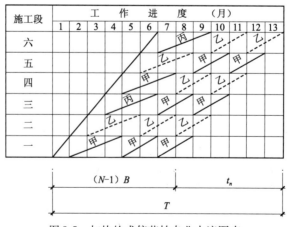

图9-5　加快的成倍节拍专业水流图表

图 9-5 实质上可以看成是由 N 个工作队组成的,类似于流水节拍为 K_0 的固定节拍专业流水,各工作队之间的流水步距 B 等于 K_0。

K_0 为各流水节拍的最大公约数。

$T_n = mK_0$,因此,加快的成倍节拍专业流水的工期可按公式(9-5)计算:

$$T = (N-1)B + mK_0 + \sum Z_1 + \sum Z_2$$
$$= (m+N-1)K_0 + \sum Z_1 + \sum Z_2 \tag{9-5}$$

式中　N——工作队总数。

工作队的总数,由各施工过程的工作队数之和求得。

各施工过程的工作队数 N_i 按下述方法计算:

先确定各施工过程流水节拍的最大公约数 K_0,于是得出:

$$N_i = \frac{K_i}{K_0} \tag{9-6}$$

式中　K_i——第 i 个施工过程的流水节拍。

工作队总数 N 为:

$$N = \sum_{i=1}^{n} N_i \tag{9-7}$$

应注意,如计算得到的 $N_i > m$,则实际投入流水施工的施工队数取 $N_i = m$。

9.3.3　流水线法简介

一些实际施工的工程,比如道路、管沟等,这种构筑物的长度往往数十或数百千米,这样的工程称之为线形工程。线形工程的工程量是沿长度方向均匀分布的,所以可以将线形工程划分成若干施工过程,各工种的工作队按照施工工艺的先后顺序相继投入施工,各工作队以某不变的速度沿线形工程的长度方向不断向前移动,这样每天都可以完成相应的工作。这种流水施工方法称为流水线法。

9.4　非节奏流水施工

在实际工程中,由于工程结构形式、施工条件不同等原因,使得各施工过程在各施工段上的工程量有较大差异;或因为各专业工程队的生产效率相差较大,导致各施工过程的流水节拍随施工段的不同而不同;且不同施工过程之间的流水节拍也有比较大的差异。这种若干非节奏流水施工过程所组成的专业流水,称为非节奏流水。

非节奏流水施工具有以下特点:①各施工过程在各施工段的流水节拍不全相同;②相邻施工过程的流水步距不相等;③专业工作队数等于施工过程数;④各专业工作队能够在施工段上连续作业,但有的施工段之间可能有空闲时间。

在非节奏流水施工中,通常采用累加数列错位相减取大差的方法计算流水步距。

基本步骤如下:

(1)对每一个施工过程在各施工段上的流水节拍依次累加,求得各施工过程流水节拍的累加数列。

(2)将相邻施工过程流水节拍累加数列中的后者错位相减求得一个差数列。

（3）在差数列中取最大值，即这两个相邻施工过程的流水步距。

以一个例子来分析非节奏流水的特点及工期计算。

例：某工程有 3 个施工过程，划分为 4 个施工段，其流水节拍如表 9-2 所示，试确定流水步距。各施工过程在各施工段上的流水节拍均不同，因此，该工程属于非节奏流水施工。

某工程流水节拍（单位：d）　　　　　　　　　　　　　　表 9-2

施工过程	施工段			
	（1）	（2）	（3）	（4）
Ⅰ	2	3	2	2
Ⅱ	4	4	2	3
Ⅲ	2	3	2	3

解：

（1）求各施工过程流水节拍的累加数列

Ⅰ：2，5，7，9

Ⅱ：4，8，10，13

Ⅲ：2，5，7，10

（2）错位相减求得数列

Ⅰ和Ⅱ：2，1，－1，－1，－13

Ⅱ和Ⅲ：4，6，5，6，－10

（3）在差数列中取最大值求流水步距

Ⅰ和Ⅱ之间的流水步距：2

Ⅱ和Ⅲ之间的流水步距：6

于是，得到 $B_2 = 2$，$B_3 = 6$，$t_n = 2 + 3 + 2 + 3 = 10$

则工期：　　　　$T = \sum B_i + t_n = 2 + 6 + 10 = 18$（d）。

组织非节奏专业流水施工的基本要求，是必须保证每一个施工段上的工艺顺序是合理的，且每一个施工过程的施工是连续的，即工作队一旦投入施工是不间断的，同时各个施工过程施工时间的最大搭接，也能满足流水施工的要求。但必须指出，这一施工组织在各施工段上允许出现暂时的空闲，即暂时没有工作队投入施工的现象。

非节奏专业流水的工期 T，在没有工艺间歇的情况下，仍然是由流水步距总和 $\sum B_i$ 和最后一个施工过程的持续时间 t_n 之和组成。

非节奏专业流水的工期 T 计算的一般情况：

$$T = \sum B_i + \sum t_n + \sum Z_1 + \sum Z_2 - \sum C \qquad (9\text{-}8)$$

式中　　　　T——流水施工工期；

$\sum B_i$——各施工过程之间流水步距之和；

$\sum t_n$——最后一个施工过程在各施工段的流水节拍之和；

$$\sum Z_1 + \sum Z_2 ——工艺间歇时间和组织间歇时间之和；$$

$$\sum C ——提前插入时间之和。$$

允许偏差的确定：利用非节奏流水施工进度计划的垂直图表，可以求得各施工过程的允许偏差，即各施工过程允许延迟完成时间或允许提前开始时间，某施工过程在允许偏差范围内的延迟完成，不会影响总工期，某施工过程在允许偏差范围内的提前开始，也不会造成工序搭接上的混乱。

允许偏差的确定，首先应找出各施工过程的临界位置。临界位置分为上临界位置与下临界位置，一个施工过程的上临界位置处于该施工过程在某施工段的结束时间等于下一个施工过程在该施工段的开始时间的位置。在上临界位置以上该施工过程具有可能延迟完成的允许偏差；在下临界位置以下，该施工过程具有可能提前开始的允许偏差。

上临界位置确定以后，计算该施工过程在临界位置以上各施工段上的结束时间与后继施工过程在相应施工段上的开始时间之差，即为该施工过程在相应施工段上具有的可延迟完成的允许偏差。一般可从该施工过程在某施工段的结束时间为起点，以后继施工过程在该施工段上的开始时间为终点，绘一水平线段，该短线的长度即表示施工过程在相应施工段上的允许偏差，将所有这些线段的终点连接起来，就是该施工过程可以延迟完成的允许偏差范围。

类似这种情况，由下临界位置向下，计算后继施工过程在各施工段上的开始时间与紧前施工过程在该施工段上的结束时间之差，即为后继施工过程可以提前开始的允许偏差，由后继工作在各施工段的允许偏差，便可得到其可以提前开始的允许偏差范围。

如某一施工过程出现两个或两个以上的上临界位置，则在最后一个上临界位置才可能有延迟完成的允许偏差。在该临界位置以下，不可能具有延迟完成的允许偏差。因为在任何临界位置以下如出现该施工过程延迟完成的允许偏差，则必然造成其后的某施工段上流水强度变大，而一个进度计划中的流水强度应是确定的，计划的调整一般不可使流水强度变大。如果流水强度可以任意变大，那么计划也就没有意义了，因为一旦超过了计划规定时间，只要将该施工过程在后面的施工段上的流水强度加大或将后继施工过程的流水强度加大就可能弥补，这样便无计划可言了。类似地，如果某施工过程出现两个或两个以上的下临界位置，则在最前一个下临界位置以下才可能有延迟完成的开始允许偏差。

各个施工过程在施工中的允许偏差范围，可以供施工人员在执行施工进度计划中参考，使他知道前一施工过程在哪几个施工段交界处拉后几天时间不会影响后一施工过程的进度，在哪几个施工段交界处不能拖工期。

课后思考题

1. 工程施工组织施工的方式有哪些？
2. 什么是流水施工？用流水施工方式组织施工有什么优点？
3. 划分施工段的基本原则是什么？
4. 简述工艺参数的概念和种类。

5. 简述空间参数的概念和种类。

6. 简述时间参数的概念和种类。

7. 等节拍流水具有什么特征？如何组织等节拍流水施工？

8. 非节奏流水施工时，其流水步距如何确定？

9. 施工组织设计的基本内容有哪些？

10. 试说明成倍节拍流水的概念和建立步骤。

10　网络计划技术

网络计划技术是 20 世纪 50 年代后发展的一种有效的计划管理方法。它来源于工程技术和管理实践，又广泛地应用于军事、航天和工程管理、科学研究、技术发展、市场分析和投资决策等各个领域，并在诸如保证和缩短时间、降低成本、提效、节约等方面取得了显著成效。

我国引进和应用网络计划理论，除国防科研领域外，以建筑工程建设领域最早，其方法主要有关键线路法（critical path method，CPM）和计划评审法（program evaluation and review technique，PERT）。

网络计划技术的基本原理是：首先用网络图形表达一项计划（或工程）中各项工作的开展顺序及其相互之间的关系；通过对网络图进行时间参数的计算，找出计划的关键工作和关键线路；继而不断改进网络计划，寻求最优方案；以求在计划执行过程中对计划进行有效的控制与监督，保证合理地使用人力、物力和财力，以最小的消耗取得最大的经济效益，因此这种方法得到了世界各国的认可进而被广泛应用。

网络图是由箭线和节点组成，用来表示工作流程的有向、有序网状图形。箭线表示一项工作，工作的名称写在箭线的上面，完成该项工作的时间写在箭线的下面，箭头和箭尾处分别画上圆圈，填入事件编号，箭头和箭尾的两个编号代表着一项工作；或者用一个圆圈代表一项工作，节点编号写在圆圈上部，工作名称写在圆圈中部，完成该工作所需要的时间写在圆圈的下部，箭线只表示该工作与其他工作的相互关系。把一项计划（或工程）的所有工作，根据其展开的先后顺序并考虑其相互制约关系，全部用箭线或圆圈表示，从左向右排列起来就形成一个网状的图形。

1. 应用网络计划技术编制施工进度计划的特点

（1）能正确表达各项工作开展的先后顺序及相互之间的关系；

（2）通过计算，能确定各项工作的开始和结束时间，找出关键工作和关键线路；

（3）通过网络计划优化寻求最优方案，保证以最小的资源消耗取得最大的经济效果和最理想工期；

（4）实施过程中进行有效的控制和调整。

2. 网络计划技术规程

（1）网络计划技术的 3 个国家标准

1）《网络计划技术　第 1 部分：常用术语》GB/T 13400.1—2012。该标准解释了常用术语 129 个，其中包括基本术语、网络计划技术术语、网络图术语和网络计划术语。

2）《网络计划技术　第 2 部分：网络图画法的一般规定》GB/T 13400.2—2009。该标准的内容主要包括基本图形符号及应用形式、网络图的标识、时间坐标网络计划图画法、网络图画法和节点编号的基本规则、简化绘图法、特殊标识、逻辑关系的表示方法和非肯定逻辑关系节点的画法。

3）《网络计划技术　第 3 部分：在项目管理中应用的一般程序》GB/T 13400.3—

2009。该标准对网络计划技术在项目管理中应用的阶段和步骤进行了规定，主要包括准备、绘制网络图、计算参数、编制可行网络计划、确定正式网络计划、网络计划的实施与控制和收尾。

（2）《工程网络计划技术规程》

《工程网络计划技术规程》JGJ/T 121—1999 包括总则，术语与符号、代号，双代号网络计划，单代号网络计划，双代号时标网络计划，单代号搭接网络计划，网络计划优化和网络计划控制，共 8 章。

网络计划按其表示方法不同可以分为双代号网络图（箭线式网络图）与单代号网络图（节点式网络图）。

10.1 双代号网络计划

10.1.1 双代号网络图的概念

10.1.1.1 双代号网络图

双代号网络图是以箭线（Arrow）及其两端节点（Node）的编号表示工作的网络图，如图 10-1 所示。其中每一项工作都用一根箭线和两个节点来表示。

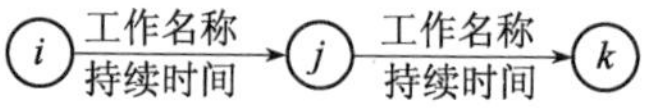

箭线——表示一项工作；箭线的箭尾节点——表示该工作的开始；箭线的箭头节点——表示该工作的结束。在非时标网络图中，箭线的长度不直接反映该工作所占用的时间长短（双代号网络图及双代号时标网络图以水平时间坐标为尺度表示工作时间，时标的时间单位可以是小时、天、周、月或季度等，以实箭线表示工作，实箭线的水平投影长度表示该工作的持续时间；虚箭线表示虚工作，时间为零。在《工程网络计划技术规程》JGJ/T 121—1999 中只对双代号时标网络计划做了规定，不提倡使用单代号时标网络计划）。箭头和箭尾衔接的地方画上圆圈（或其他形状的封密图形）并编上号码。用箭尾与箭头的号码 $i-j$ 作为这个工作的代号；工作名称与持续时间分别标注在箭线上面与箭线下面；箭线宜画成水平直线，也可画成折线或斜线。水平直线投影的方向应自左向右，表示工作的进行方向。

图 10-1　双代号网络图表示方法

10.1.1.2 网络图的要素

1. 工作和虚工作

工作——工程施工中的活动，即完成一项任务的过程。一般情况下，工作需要消耗时间和资源（如支模板、浇筑混凝土等），也有的则仅是消耗时间而不消耗资源（如混凝土养护、干燥等技术间歇）。

在双代号网络图中，有一种既不消耗时间也不消耗资源的工作——虚工作（见图 10-2），它用虚箭线来表示。用以反映一些工作与另外一些工作之间的逻辑关系，其中 2-3 工作即为虚工作。而在单代号网络图中，虚工作只能出现在网络图的起点和终点节点。

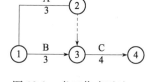

图 10-2　虚工作表示法

在网络图中，相对于某工作而言，紧排在该工作之前的工作称为该工作的紧前工作；而相对于某工作而言，紧排在该工作之后的工作称为该工作的紧后工作。相对于某工作而言，可以与该工作同时进行的工作即为该工作的平行工作。相对于某工作而言，从网络图的第一个节点（起始节点）开始，顺箭头方向经过一系列箭线与节点到达该工作为止的各条通路上的所有工作，都称为该工作的先行工作。相对于某工作而言，从该工作之后开始，顺箭头方向经过一系列箭线与节点到网络图最后一个节点（终点节点）的各条通路上的所有工作，都称为该工作的后续工作

2. 节点

节点是指表示工作的开始、结束或连接关系的圆圈（或其他形状的封闭图形）。箭线的出发节点叫做工作的起点节点；箭头指向的节点叫做工作的终点节点。

任何工作都可以用其箭线前、后的两个节点的编码来表示，起点节点编码在前，终点节点编码在后。

3. 线路

网络图中从起点节点开始，沿箭头方向顺序通过一系列箭线与节点，最后达到终点节点的通路称之为线路（见图10-3）。线路既可以依次用该线路上的节点编号来表示，也可以依次用该线路上的工作名称来表示。

在关键线路法（CPM）中，线路上各项工作持续时间的总和称为该线路的总持续时间，它表示完成该线路上的所有工作需花费的时间。总持续时间最长的线路就是关键线路。关键线路可以有多条，在网络计划执行中，关键线路可以发生转移。关键线路上的工作称为关键工作，在网络图中可以用较粗的箭线或双箭线来表示。其他线路称为非关键线路。非关键线路上的工作，有非关键工作，也可有关键工作。关键线路的长度就是网络计划的总工期。

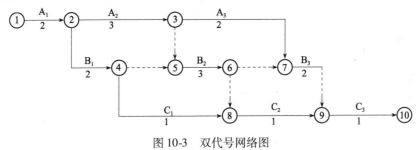

图 10-3　双代号网络图

双代号网络图中，各条线路的名称可用该线路上节点的编号自小到大依次记述。图10-3的线路及其线路之长如下：第一条线路，①→②→③→⑦→⑨→⑩，持续时间 10 d；第二条线路，①→②→③→⑤→⑥→⑦→⑨→⑩，持续时间 11 d；第三条线路，①→②→④→⑧→⑨→⑩，持续时间 7d，等等。

10.1.2　双代号网络图的绘制

10.1.2.1　各种逻辑关系的表示

各工作间的先后顺序关系就是网络图的逻辑关系，包括工艺关系和组织关系。生产性工作之间由工艺过程决定的、非生产性工作之间由工作程序决定的先后顺序关系称为工艺关系；工作之间由于组织安排需要或资源（如劳动力、材料、设备和资金等）调配需要而

规定的先后顺序关系称为组织关系。逻辑关系表达得是否正确，是网络图能否反映工程实际情况的关键。

10.1.2.2 双代号网络图的绘制规则

（1）一项工作应只有唯一的一条箭线和相应的一对节点编号，箭尾的节点编号应小于箭头的节点编号。表达工作之间平行的关系——增加虚工作。如图 10-4 和图 10-5 所示。

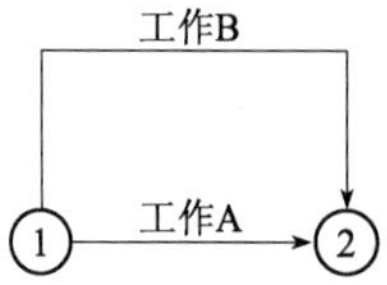

图 10-4　错误示例 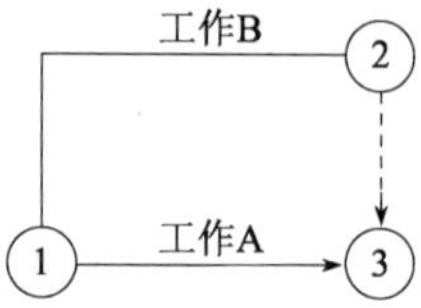　　　　　　　　图 10-5　图 10-4 的正确示例

（2）双代号网络图中应只有一个起始节点；在不分期完成任务的网络图中，应只有一个终点节点，其他节点均应该是中间节点。

（3）双代号网络图中，不允许出现循环回路，如图 10-6 中，工作 C、D、E 组成循环回路，这在逻辑关系上是不正确的。

（4）双代号网络图中，严禁出现没有箭头节点或没有箭尾节点的箭线（见图 10-7）。

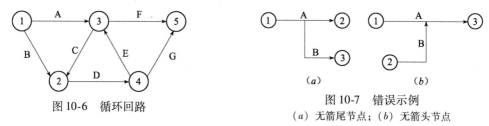

图 10-6　循环回路　　　　　　　　　图 10-7　错误示例

（a）无箭尾节点；（b）无箭头节点

（5）不可以出现带双向箭头的箭线或者无箭头的直线（见图 10-8）。

（6）节点编号顺序应从小到大依次编号，可以跳跃但不可以重复编号。一般采用水平编号，每行自左向右，然后自上而下逐行进行依次编号（见图 10-9）。起点节点的编号一般为本图中的最小号码；终点节点编号为本图中最大号码。

图 10-8　错误示例

（a）带双向箭头的箭线；（b）无箭头的直线

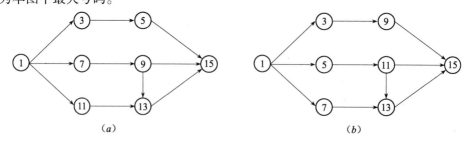

图 10-9　节点编号示例

（7）绘制网络图时，箭线不宜交叉，但当交叉不可避免时，可采用如图 10-10 所示方法进行处理。

（8）对平行搭接进行的工作，在双代号网络图中，应分段表达。

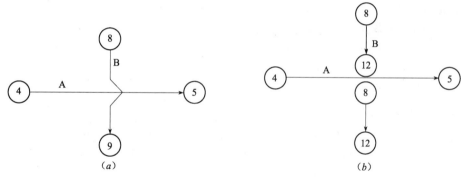

图 10-10　绘制交叉箭线的方法

（a）过桥法；（b）指向法

（9）网络图应条理清楚，布局合理。如，不宜画任意方向或者曲线样的箭线等；关键线路、关键工作应布置在图面的中间位置等。

（10）分段绘制。对于一些大的建设项目，由于工序多，施工周期长，网络图可能很大，为使绘图方便，可将网络图划分成几个部分进行绘制。

10.1.3　双代号网络图的绘制步骤

（1）绘制没有紧前工作的工作箭线时，要使它们都有一个相同开始的节点。

（2）依次绘制其他工作箭线。

（3）当各项工作箭线都绘制出来之后，应合并那些没有紧后工作的工作箭线的箭头节点。这样才能保证网络图只有一个终点节点。

（4）确认所绘网络图正确，进行节点编号。

10.1.4　举例说明绘制双代号网络图

已知各项工作之间的逻辑关系如表 10-1 所示，试绘制双代号网络图。

绘制结果如图 10-11 所示。

各项工作之间的逻辑关系　表 10-1

紧前工作	工作
—	A
—	B
A	C
A 和 B	D
B	E

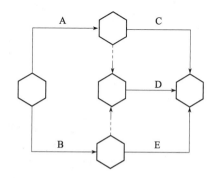

图 10-11　根据表 10-1 绘制出的双代号网络图

10.1.5　双代号网络图时间参数的计算

1. 节点最早时间

节点最早时间计算一般从起始节点开始，顺着箭线方向依次逐项进行。

（1）起始节点

起始节点 i 如未规定最早时间 ET_i 时，其值应等于零，即：

$$ET_i = 0 \quad (i = 1)$$

式中　ET_i——节点 i 的最早时间。

（2）其他节点

节点 j 的最早时间 ET_j 为：

$$ET_j = ET_i + D_{i-j} \quad （当节点 j 只有一条内向箭线时）$$

$$ET_j = \max\{ET_i + D_{i-j}\} \quad （当节点 j 有多条内向箭线时）$$

式中　ET_j——节点 j 的最早时间；

　　　D_{i-j}——工作 $i-j$ 的持续时间。

（3）计算工期 T_c

$$T_c = ET_n$$

式中　ET_n——终点节点 n 的最早时间。

计算工期得到后，可以确定计划工期 T_p，计划工期应满足以下条件：

$$T_p \leqslant T_r \quad （当已规定了要求工期）；$$

$$T_p = T_c \quad （当未规定要求工期）。$$

式中　T_p——网络计划的计划工期；

　　　T_r——网络计划的要求工期。

2. 节点最迟时间

节点最迟时间从网络计划的终点开始，逆着箭线方向依次逐项计算。当部分工作分期完成时，有关节点的最迟时间必须从分期完成节点开始逆向逐项计算。

（1）终点节点

终点节点 n 的最迟时间 LT_n，应按网络计划的计划工期 T_p 确定，即：

$$LT_n = T_p$$

分期完成节点的最迟时间应等于该节点规定的分期完成的时间。

（2）其他节点

其他节点 i 的最迟时间 LT_i 为：

$$LT_i = \min\{LT_j - D_{i-j}\}$$

式中　LT_j——工作 $i-j$ 的箭头节点的最迟时间。

3. 工作 $i-j$ 的时间参数

（1）最早时间

工作 $i-j$ 最早开始时间 ES_{i-j}：

$$ES_{i-j} = ET_i$$

工作 $i-j$ 最早完成时间 EF_{i-j}：

$$EF_{i-j} = ET_i + D_{i-j}$$

（2）最迟时间

工作 $i-j$ 的最迟完成时间 LF_{i-j}：

$$LF_{i-j} = LT_j$$

工作 $i-j$ 的最迟开始时间 LS_{i-j}：

$$LS_{i-j} = LT_j - D_{i-j}$$

4. 时差

（1）总时差

工作 $i-j$ 的总时差 TF_{i-j}：

$$TF_{i-j} = LT_j - ET_i - D_{i-j}$$

（2）自由时差

工作 $i-j$ 的自由时差 FF_{i-j}：

$$FF_{i-j} = ET_j - ET_i - D_{i-j}$$

10.2 单代号网络计划

单代号网络图也是由节点和箭线组成的，但构成单代号网络图的基本符号含义与双代号网络图不同。与双代号网络图相比，单代号网络图绘图简单方便，逻辑关系明确，没有虚箭杆，便于检查修改。特别是随着计算机在网络计划中的应用，近年来对单代号网络图逐渐重视。

10.2.1 单代号网络图的绘制

10.2.1.1 网络图的表示

单代号网络图的表达形式很多，所用的符号也不尽相同，但基本形式是用节点（圆圈或方框）表示工作，用箭线表示工作之间的逻辑关系，所以也被称为工作节点网络图（见图 10-12）。

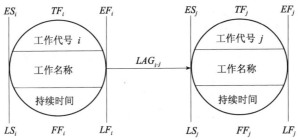

图 10-12　单代号网络计划时间参数标注图例

1. 节点

在单代号网络图中用节点表示工作。节点可以采用圆圈，也可以采用方框。工作名称或内容、工作编号、工作持续时间以及工作时间参数都可以写在圆圈上或方框上。

2. 箭杆

单代号网络图的箭杆表示工作间的逻辑关系，它既不占时间也不消耗资源。箭杆的箭头表示工作的前进方向，箭尾节点工作为箭头节点工作的紧前工作。另外，在单代号网络图中没有虚箭杆，但可能会引进虚工作，这是由于单代号网络图也必须只有一个开始节点和一个结束节点，则当几个工作同时开始或同时结束时，就必须引入虚工作。

10. 2. 1. 2 单代号网络图的特点

通过对单代号网络图的介绍可看出其具有以下特点：

（1）单代号网络图用节点及其编号表示工作，而箭杆仅表示工作间的逻辑关系。

（2）单代号网络图作图简便，图面简洁，由于没有虚箭杆，产生逻辑错误的可能性小。

（3）单代号网络图用节点表示工作，没有长度概念，不够形象，不便于绘制时标网络图。

（4）单代号网络图更适合用计算机进行绘制、计算、优化和调整。

10. 2. 1. 3 单代号网络图绘图基本规则

（1）单代号网络图中的节点必须编号。编号标注在节点内，其号码可间断，但严禁重复。箭线的箭尾节点编号应小于箭头节点编号。一项工作必须有唯一的一个节点及相应的一个编号。

（2）用数字代表工作的名称时，宜由小到大按活动先后顺序编号。

（3）严禁出现循环回路。

（4）严禁出现双向箭头或无箭头的连线，严禁出现没有箭尾节点的箭线和没有箭头节点的箭线。

（5）单代号网络图只应有一个起点节点和一个终点节点；当网络图中有多项开始工作或多项结束工作时，应在网络图的两端分别设置一项虚工作，作为该网络图的起始工作（S）和终点工作（F）。

（6）箭线不宜交叉。当交叉不可避免时，可采用过桥法和指向法绘制。

（7）在同一网络图中，单代号和双代号的画法不能混用。

10.2.2 举例说明绘制单代号网络图

已知单代号网络图的资料如表 10-2 所示，试绘制出单代号网络图。

各项工作之间的逻辑关系

表 10-2

紧前工作	工作	紧后工作
—	A	G
—	B	D, E
—	C	E, F
B	D	G
B, C	E	H
C	F	I
A, D	G	—
E	H	—
F	I	—

增加起始虚工作和终点虚工作，绘制出的单代号网络图如图 10-13 所示。

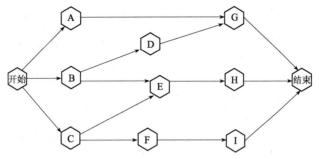

图 10-13 根据表 10-2 绘制出的单代号网络图

10.2.3 单代号网络图的计算

单代号网络图的计算中常用下列符号来表示工作的各种时间参数：

D_i—— 工作 i 的持续时间；

ES_i—— 工作 i 的最早开始时间；

EF_i—— 工作 i 的最早结束时间；

LS_i—— 工作 i 的最迟开始时间；

LF_i—— 工作 i 的最迟结束时间；

TF_i—— 工作 i 的总时差；

FF_i—— 工作 i 的自由时差。

单代号网络图的计算步骤如下：

1. 计算工作最早时间

（1）工作最早开始时间

工作 i 的最早开始时间 ES_i 应从网络图的起点节点开始，顺着箭线方向依次逐项计算。

1）起点节点 i 的最早开始时间 ES_i 无规定时，其值应等于零，即：

$$ES_i = 0 \ (i = 1)$$

2）其他工作的最早开始时间 ES_i

$$ES_i = \max\{EF_h\}$$

或

$$ES_i = \max\{ES_h + D_h\}$$

式中 EF_h——工作 i 的各项紧前工作 h 的最早结束时间；

ES_h——工作 i 的各项紧前工作 h 的最早开始时间；

D_h——工作 i 的各项紧前工作 h 的持续时间。

（2）工作最早完成时间

$$EF_i = ES_i + D_i$$

2. 计算工期

单代号网络计划计算工期 T_c 按下式计算：

$$T_c = EF_n$$

式中 EF_n——终点节点 n 的最早完成时间。

类似的，单代号网络计划计算工期得到后，可以确定计划工期 T_p。

3. 计算前后工作时间间隔

相邻两项工作 i 和 j 之间的时间间隔 $LAG_{i,j}$ 的计算应符合下列规定：

（1）当终点节点为虚拟节点时，其时间间隔应为：

$$LAG_{i,n} = T_p - EF_i$$

（2）其他节点之间的时间间隔应为：

$$LAG_{i,j} = ES_j - EF_i$$

4. 计算时差

（1）总时差

工作 i 的总时差 TF_i 应从网络计划的终点节点开始，逆着箭线方向依次逐项计算。当部分工作分期完成时，有关工作的总时差必须从分期完成的节点开始逆向逐项计算。

1）终点节点所代表工作 n 的总时差 TF_n 值应为：

$$TF_n = T_p - EF_n$$

2）其他工作 i 的总时差 TF_i 应为：

$$TF_i = \min\{TF_j + LAG_{i,j}\}$$

（2）自由时差

1）终点节点所代表工作 n 的自由时差 FF_n 应为：

$$FF_n = T_p - EF_n$$

2）其他工作 i 的自由时差 FF_i 应为：

$$FF_i = \min\{LAG_{i,j}\}$$

5. 计算工作最迟时间

（1）工作最迟完成时间

工作 i 的最迟完成时间 LF_i 应从网络计划的终点节点开始，逆着箭线方向依次逐项计算。当部分工作分期完成时，有关工作的最迟完成时间应从分期完成的节点开始逆向逐项计算。

1）终点节点所代表的工作 n 的最迟完成时间 LF_n，应按网络计划的计划工期 T_p 确定，即：

$$LF_n = T_p$$

2）其他工作 i 的最迟完成时间 LF_i 应为：

$$LF_i = \min\{LS_j\}$$

或

$$LF_i = EF_i + TF_i$$

式中 LS_j——工作 i 的各项紧后工作 j 的最迟开始时间。

（2）工作最迟开始时间

工作 i 的最迟开始时间 LS_i 应按下式计算：

$$LS_i = LF_i - D_i$$

或

$$LS_i = ES_i + TF_i$$

总时差为零的工作为关键工作。关键工作组成的线路为关键线路。相邻关键工作之间的时间间隔必为零。

课后思考题

1. 什么是网络图？它如何进行分类？

2. 双代号网络图的组成要素有哪些？各有什么意义？

3. 怎样绘制双代号网络图？其节点编号方法有哪些？

4. 时差主要有哪几种？各有什么特点？

5. 什么是关键线路？关键线路和关键工作的确定方法有哪些？

6. 某工程的逻辑关系如下表所示，试绘制单代号网络图并用双箭线标明关键线路。

逻辑关系

工作	A	B	C	D	E	F
持续时间	12	10	5	7	6	4
紧前工作	—	—	—	B	B	C，D

7. 什么是虚工作？其作用是什么？

8. 什么是单代号网络图？其特点是什么？

9. 工作间逻辑关系的含义是什么？有哪几种逻辑关系？请举例说明。

10. 网络计划的特点有哪些？

附录　部分工程技术规范汇总

在我国，涉及工程建设的质量、安全、卫生标准及国家需要控制的其他工程建设标准，产品及产品生产、储运的标准等均为强制执行的标准，除此以外的为推荐标准。

标准按等级分为国家标准、行业标准、地方标准、企业标准。

我国标准的代号和编号为国家标准 GB、GB/T；行业标准 JC、JGJ、SY 等；地方标准 DB、DB/T；企业标准 Q。

常见国际标准的代号和编号有 ISO（国际标准化组织标准）、ASTM（美国材料试验协会标准）、JIN（日本工业标准）、DIN（德国工业标准）、BS（英国标准）、NF（法国标准）。

我国标准的表示方法是"标准代号＋标准发布顺序号＋发布年代＋名称"。

1. 测量技术类法规与规范规程

测量技术类法规与规范规程主要有 8 个。

1.《城市测量规范》CJJ/T 8—2011

2.《工程测量规范》GB 50026—2007

3.《国家三、四等水准测量规范》GB/T 12898—2009

4.《国家一、二等水准测量规范》GB/T 12897—2006

5.《建筑变形测量规范》JGJ 8—2007

6.《全球定位系统（GPS）测量规范》GB/T 18314—2009

7.《卫星定位城市测量技术规范》CJJ/T 73—2010

8.《三、四等导线测量规范》CH/T 2007—2001

2. 土建工程技术类规范

土建工程技术类规范主要有 28 个。

1.《粉煤灰混凝土应用技术规范》GB/T 50146—2014

2.《钢管混凝土结构技术规程》CECS 28—2012

3.《高层建筑混凝土结构技术规程》JGJ 3—2010

4.《高强混凝土结构技术规程》CECS 104—1999

5.《工程网络计划技术规程》JGJ/T 121—1999

6.《回弹法检测混凝土抗压强度技术规程》JGJ/T 23—2011

7.《混凝土泵送施工技术规程》JGJ/T 10—2011

8.《混凝土结构工程施工质量验收规程》DBJ 01—82—2005

9.《混凝土结构工程施工质量验收规程》GB 50204—2002（2010 版）

10.《混凝土强度检验评定标准》GB/T 50107—2010

11.《混凝土外加剂应用技术规范》GB 50119—2013

12.《混凝土质量控制标准》GB 50164—2011

13.《建筑边坡工程技术规范》GB 50330—2013

14.《建筑地基基础工程施工质量验收规范》GB 50202—2002

15. 《建筑地面工程施工质量验收规范》GB 50209—2010

16. 《建筑工程施工质量验收统一标准》GB 50300—2013

17. 《建筑工程质量检验评定标准》GB 50301—2001

18. 《建筑基坑支护技术规程》JGJ120—2012

19. 《建筑与市政降水工程技术规范》JGJ/T 111—1998

20. 《铝合金门窗》GB/T 8478—2008

21. 《锚杆喷射混凝土支护技术规范》GB 50086—2001

22. 《木结构工程施工质量验收规范》GB 50206—2012

23. 《砌体结构工程施工质量验收规范》GB 50203—2011

24. 《砌筑砂浆配合比设计规程》JGJ/T 98—2010

25. 《轻骨料混凝土技术规程》JGJ 51—2002

26. 《屋面工程质量验收规范》GB 50207—2012

27. 《预防混凝土工程碱集料反应技术管理规定》京 TY5—1999

28. 《预防混凝土结构工程碱集料反应规程》DBJ 01—95—2005

3. 钢结构类工程技术规范

钢结构类工程技术规范（含钢筋、预应力筋）主要有 14 个。

1. 《不锈钢建筑型材》JG/T 73—1999

2. 《不锈钢丝绳》GB/T 9944—2002

3. 《钢结构防火涂料》GB 14907—2002

4. 《钢结构防火涂料应用技术规范》CECS 24—1990

5. 《钢结构高强度螺栓连接技术规程》JGJ 82—2011

6. 《钢结构工程施工质量验收规范》GB 50205—2001

7. 《钢筋焊接及验收规程》JGJ 18—2012

8. 《钢筋焊接接头试验方法标准》JGJ/T 27—2014

9. 《钢筋机械连接技术规程》JGJ 107—2010

10. 《高碳铬不锈钢丝》YB/T 096—1997

11. 《工程建设施工现场焊接目视检验规范》CECS 71—1994

12. 《混凝土中钢筋检测技术规程》JGJ/T 152—2008

13. 《预应力筋用锚具、夹具和连接器》GB/T 14370—2007

14. 《预应力筋用锚具、夹具和连接器应用技术规程》JGJ 85—2010

4. 电气安装类工程技术规范

电气安装类工程技术规范主要有 19 个。

1. 《地下建筑照明设计标准》CECS 45—1992

2. 《电气装置安装工程 盘、柜及二次回路接线施工及验收规范》GB 50171—2012

3. 《电气与电子工程师协会（IEEE）》相关标准

4. 《电气与电子工程师协会（GEEE）》相关标准

5. 《电气装置安装工程 低压电器施工及验收规范》GB 50254—2014

6. 《电气装置安装工程 电缆线路施工及验收规范》GB 50168—2006

7. 《电气装置安装工程 电力变流设备施工及验收规范》GB 50255—2014

8.《电气装置安装工程 电力变压器、油浸电抗器、互感器施工及验收规范》GB 50148—2010

9.《电气装置安装工程 电气设备交接试验标准》GB 50150—2006

10.《电气装置安装工程 高压电器施工及验收规范》GB 50147—2010

11.《电气装置安装工程接地装置施工及验收规范》GB 50169—2006

12.《电气装置安装工程 母线装置施工及验收规范》GB 50149—2010

13.《电气装置安装工程 蓄电池施工及验收规范》GB 50172—2012

14.《电气装置安装工程旋转电机施工及验收规范》GB 50170—2006

15.《国际标准化组织（ISO）》相关标准

16.《国际电工技术委员会（IEC）》相关标准

17.《建筑电气工程施工质量验收规范》GB 50303—2002

18.《建筑物防雷设计规范》GB 50057—2010

19.《民用建筑电气设计规范》JGJ 16—2008

5. 其他建筑设备类工程技术规范

其他建筑设备类包括暖通、空调、制冷、给水排水、燃气等，相关主要工程技术规范有以下 14 个。

1.《北方采暖地区既有居住建筑供热计量改造工程验收办法》（2008）

2.《建筑给水排水及采暖工程施工质量验收规范》GB 50242—2002

3.《城镇燃气设计规范》GB 50028—2006

4.《城镇燃气室内工程施工与质量验收规范》CJJ 94—2009

5.《城镇燃气输配工程施工及验收规范》CJJ 33—2005

6.《家用和类似用途空调器安装规范》GB 17790—2008

7.《工业金属管道工程施工规范》GB 50235—2010

8.《工业金属管道工程施工质量验收规范》GB 50184—2011

9.《工业设备及管道绝热工程施工质量验收规范》GB 50185—2010

10.《建筑给水钢塑复合管管道工程技术规程》CECS 125—2001

11.《建筑排水塑料管道工程技术规程》CJJ/T 29—2010

12.《燃气阀门的试验与检验》CJ/T 3055—1995

13.《通风与空调工程施工质量验收规范》GB 50243—2002

14.《游泳池给水排水工程技术规程》CJJ 122—2008

6. 人防类工程技术规范

人防类工程技术规范主要有 6 个。

1.《关于开展人防工程施工图审查的通知》（〔2002〕国人防办字第 31 号）

2.《民用建筑工程室内环境污染控制规范》GB 50325—2010（2013 版）

3.《人民防空工程施工及验收规范》GB 50134—2004

4.《人民防空地下室设计规范》GB 50038—2005

5.《人民防空工程建设管理规定》（〔2003〕国人防办字第 18 号第 53 条）

6.《人民防空工程设计规范》GB 50225—2005

7. 机械设备安装类技术规范

机械设备安装类技术规范主要有 5 个。

1. 《电梯工程施工质量验收规范》GB 50310—2002

2. 《电梯试验方法》GB/T 10059—2009

3. 《机械设备安装工程施工及验收通用规范》GB 50231—2009

4. 《输送设备安装工程施工及验收规范》GB 50270—2010

5. 《风机、压缩机、泵安装工程施工及验收规范》GB 50275—2010

8. 建筑节能类技术规范

建筑节能类技术规范主要有 33 个。

1. 《北京市低温热水地板辐射供暖应用技术规程》DBJ/T 01-49—2000

2. 《北京市民用建筑节能管理规定》（［2014］北京市人民政府令第 256 号）

3. 《居住建筑节能工程施工质量验收规程》DBJ 13-83—2006

4. 《外墙内保温板质量检验评定标准》DBJ 01-30—2000

5. 《外墙内保温施工技术规程（胶粉聚苯颗粒保温浆料玻纤网格布抗裂砂浆做法)》DBJ/T 01—60—2002

6. 《外墙内保温施工技术规程（纸面石膏聚苯复合板)》DBJ 01-18—1994

7. 《外墙外保温施工技术规程（胶粉聚苯颗粒保温浆料玻纤网格布抗裂砂浆做法)》DBJ/T 01-50—2002

8. 《外墙外保温施工技术规程（聚苯板玻纤网格布聚合物砂浆做法)》DBJ/T 01-38—2002

9. 《增强粉刷石膏聚苯板外墙内保温施工技术规程》DBJ/T 01-58—2001

10. 《外墙内保温施工技术规程（增强石膏聚苯复合保温板做法)》DBJ/T 01-35—2003

11. 《外墙内保温施工技术规程（增强水泥聚苯复合保温板做法)》DDJ 01-34—2003

12. 《居住建筑节能检测标准》JGJ/T 132—2009

13. 《采暖通风与空气调节设计规范》GB 50019—2003

14. 《单端荧光灯能效限定值及节能评价值》GB 19415—2013

15. 《高压钠灯用镇流器能效限定值及节能评价值》GB 19574—2004

16. 《公共建筑节能设计标准》GB 50189—2005

17. 《关于固定资产投资工程项目可行性研究报告"节能篇（章）"编制及评估的规定》（计交能［1997］2542 号）

18. 《管形荧光灯镇流器能效限定值及能效等级》GB 17896—2012

19. 《寒地节能日光温室建造规程》JB/T 10595—2006

20. 《既有居住建筑节能改造技术规程》JGJ/T 129—2012

21. 《建筑节能工程施工质量验收规范》GB 50411—2007

22. 《公共建筑节能设计标准》GB 50189—2005

23. 《民用建筑节能管理规定》（［2005］建设部令第 143 号）

24. 《严寒和寒冷地区居住建筑节能设计标准》JGJ 26—2010

25. 《居住建筑节能设计标准》DBJ 01—602—2004

26. 《民用建筑热工设计规范》GB 50176—1993

27. 《热处理节能技术导则》GB/Z 18718—2002

28. 《容积式空气压缩机能效限定值及能效等级》GB 19153—2009

29. 《通风与空调工程施工质量验收规范》GB 50243—2002

30. 《夏热冬冷地区居住建筑节能设计标准》JGJ 134—2010

31. 《延时节能照明开关通用技术条件》JG/T 7—1999

32. 《中华人民共和国节约能源法》

33. 《中小型三相异步电动机能效限定值及能效等级》GB 18613—2002

9. 市政道路工程类技术规范

市政道路工程类技术规范主要有 18 个。

1. 《北京市城市道路工程施工技术规程》DBJ 01-45—2000

2. 《北京市城市桥梁工程施工技术规程》DBJ 01-46—2001

3. 《北京市给水排水管道工程施工技术规程》DBJ 01-47—2000

4. 《城市桥梁工程施工与质量验收规范》CJJ 2—2008

5. 《城市人行天桥与人行地道技术规范》CJJ 69—1995

6. 《城镇道路工程施工与质量验收规范》CJJ 1—2008

7. 《城镇地道桥顶进施工及验收规程》CJJ 74—1999

8. 《排水管（渠）工程施工质量检验标准》DB 11/1071—2014

9. 《砌体结构工程施工质量验收规范》GB 50203—2011

10. 《城市桥梁工程施工质量检验标准》DB 11/1072—2014

11. 《市政基础设施工程质量检验与验收标准》DB 11/1070—2014

12. 《市政基础设施工程资料管理规程》DB11/T 808—2011

13. 《市政排水管渠工程质量检验评定标准》DBJ 01—24—95

14. 《市政桥梁工程质量评定标准》DBJ 01-23—95

15. 《土工合成材料应用技术规范》GB 50290—1998

16. 《锤击式预应力混凝土管桩基础技术规程》DBJ/T 15-22—2008

17. 《预应力筋用锚具、夹具和连接器应用技术规程》JGJ 85—2010

18. 《组合钢模板技术规范》GB/T 50214—2013

10. 市政管线工程类技术规范

市政管线工程类技术规范主要有 17 个。

1. 《城镇供热管网工程施工及验收规范》CJJ 28—2014

2. 《城市污水处理厂工程质量验收规范》GB 50334—2002

3. 《城镇燃气埋地钢质管道腐蚀控制技术规程》CJJ 95—2013

4. 《城镇燃气输配工程施工及验收规范》CJJ 33—2005

5. 《给水排水构筑物工程施工及验收规范》GB 50141—2008

6. 《给水排水管道工程施工及验收规范》GB 50268—2008

7. 《供水管井技术规范》GB 50296—1999

8. 《聚乙烯燃气管道工程技术规程》CJJ 63—2008

9. 《埋地高密度聚乙烯中空壁缠绕结构排水管道工程技术规程》DBJ/T 15-33—2003

10. 《埋地给水排水玻璃纤维增强热固性树脂夹砂管管道工程施工及验收规程》CECS

129—2001

11. 《埋地聚乙烯给水管道工程技术规程》CJJ 101—2004

12. 《埋地聚乙烯排水管管道工程技术规程》CECS 164—2004

13. 《埋地硬聚氯乙烯给水管道工程技术规程》CECS 17—2000

14. 《埋地硬聚氯乙烯排水管道工程技术规程》CECS 122—2001

15. 《排水管（渠）工程施工质量检验标准》DB 11/1071—2014

16. 《现场设备、工业管道焊接工程施工规范》GB 50236—2011

17. 《雨水口通用图》（PT05）

11. 公路工程类技术法规与规范规程

公路工程类技术法规与规范规程主要有 23 个。

1. 《公路护栏安全性能评价标准》JTG B05-01—2013

2. 《公路工程混凝土结构防腐蚀技术规范》JTG/T B07-01—2006

3. 《公路工程基桩动测技术规程》JTG/T F81-01—2004

4. 《公路工程集料试验规程》JTGE 42—2005

5. 《公路工程技术标准》JTG B01—2014

6. 《公路工程沥青及沥青混合料试验规程》JTG E20—2011

7. 《公路工程施工安全技术规程》JTJ 076—1995

8. 《公路工程水泥及水泥混凝土试验规程》JTG E30—2005

9. 《公路工程土工合成材料试验规程》JTG E50—2006

10. 《公路工程无机结合料稳定材料试验规程》JTG E51—2009

11. 《公路工程岩石试验规程》JTG E41—2005

12. 《公路工程质量检验评定标准第一册 土建工程》JTG F80/1—2004

13. 《公路路基施工技术规范》JTG F10—2006

14. 《公路沥青路面施工技术规范》JTG F40—2004

15. 《公路路基路面现场测试规程》JTG E60—2008

16. 《公路路基施工技术规范》JTG F10—2006

17. 《公路路面基层施工技术规范》JTJ 034—2000

18. 《公路桥涵施工技术规范》JTG/T F50—2011

19. 《公路水泥混凝土路面施工技术细则》JTG/T F30—2014

20. 《公路工程土工合成材料试验规程》JTG E50—2006

21. 《公路土工试验规程》JTG E40—2007

22. 《交通工程土工合成材料土工格栅》JT/T 480—2002

23. 《组合钢模板技术规范》GB/T 50214—2013

12. 水泥类规范标准

水泥类规范标准主要有 17 个。

1. 《白色硅酸盐水泥》GB/T 2015—2005

2. 《彩色硅酸盐水泥》JC/T 870—2012

3. 《道路硅酸盐水泥》GB 13693—2005

4. 《通用硅酸盐水泥》GB 175—2007

5. 《抗硫酸盐硅酸盐水泥》GB 748—2005

6. 《砌筑水泥》GB/T 3183—2003

7. 《石灰石硅酸盐水泥》JC/T 600—2010

8. 《水泥包装袋》GB 9774—2010

9. 《水泥标准稠度用水量、凝结时间、安定性检验方法》GB/T 1346—2011

10. 《水泥化学分析方法》GB/T 176—2008

11. 《水泥胶砂流动度测定方法》GB/T 2419—2005

12. 《水泥胶砂强度检验方法（ISO 法）》GB 17671—1999

13. 《水泥取样方法》GB/T 12573—2008

14. 《水泥细度检验方法筛析法》GB/T 1345—2005

15. 《通用水泥质量等级》JC/T 452—2009

16. 《油井水泥》GB 10238—2005

17. 《中热硅酸盐水泥、低热硅酸盐水泥、低热矿渣硅酸盐水泥》GB 200—2003

13. 钢筋及型钢类规范标准

钢筋及型钢类规范标准主要有 30 个。

1. 《结构用不锈钢复合管》GB/T 18704—2008

2. 《低合金高强度结构钢》GB/T 1591—2008

3. 《低碳钢热扎圆盘条》GB/T 701—2008

4. 《低压流体输送用焊接钢管》GB/T 3091—2008

5. 《钢结构用扭剪型高强度螺栓连接副》GB/T 3632—2008

6. 《钢筋混凝土用钢第 3 部分：钢筋焊接网》GB/T 1499.3—2010

7. 《钢筋混凝土用钢第 2 部分：热轧带肋钢筋》GB 1499.2—2007

8. 《钢筋混凝土用钢第 1 部分：热轧光圆钢筋》GB 1499.1—2008

9. 《钢筋机械连接技术规程》JGJ l07—2010

10. 《钢筋阻锈剂应用技术规程》YB/T 9231—2009

11. 《公路波形梁钢护栏》JT/T 281—2007

12. 《合金结构钢》GB/T 3077—1999

13. 《护栏波形梁用冷弯型钢》YB/T 4081—2007

14. 《金属覆盖层 钢铁制件热浸镀锌层 技术要求及试验方法》GB/T 13912—2002

15. 《紧固件 螺栓、螺钉、螺柱和螺母 通用技术条件》GB/T 16938—2008

16. 《冷弯型钢》GB/T 6725—2008

17. 《冷轧带肋钢筋》GB 13788—2008

18. 《冷轧带肋钢筋混凝土结构技术规程》JGJ 95—2011

19. 《气焊、焊条电弧焊、气体保护焊和高能束焊的推荐坡口》GB/T 985.1—2008

20. 《桥梁用结构钢》GB/T 714—2008

21. 《桥梁球型支座》GB/T 17955—2009

22. 《热轧钢板和钢带的尺寸、外形、重量及允许偏差》GB/T 709—2006

23. 《非合金钢及细晶粒钢焊条》GB/T 5117—2012

24. 《碳素结构钢》GB/T 700—2006

25. 《碳素结构钢和低合金结构钢热轧钢带》GB/T 3524—2005

26. 《一般用途低碳钢丝》YB/T 5294—2009

27. 《预应力混凝土用钢绞线》GB/T 5224—2003

28. 《预应力混凝土用钢丝》GB/T 5223—2002

29. 《预应力混凝土用金属波纹管》JG 225—2007

30. 《预应力筋用锚具、夹具和连接器》GB/T 14370—2007

14. 砂类规范标准

砂类规范标准主要有 3 个。

1. 《建设用砂》GB/T 14684—2011

2. 《普通混凝土用砂、石质量及检验方法标准》JGJ 52—2006

3. 《人工砂应用技术规程》DB11/T 1133—2014

15. 石类规范标准

石类规范标准主要有 2 个。

1. 《建设用卵石、碎石》GB/T 14685—2011

2. 《普通混凝土用砂、石质量及检验方法标准》JGJ 52—2006

16. 混凝土类规范标准

混凝土类规范标准主要有 21 个。

1. 《纤维混凝土试验方法标准》CECS 13—2009

2. 《高强混凝土结构技术规程》CECS 104—1999

3. 《回弹法检测混凝土抗压强度技术规程》JGJ/T 23—2011

4. 《混凝土用水标准》JGJ 63—2006

5. 《混凝土防冻剂》JC 475—2004

6. 《混凝土碱含量限值标准》CECS 53—1993

7. 《混凝土结构工程施工质量验收规程》DBJ 01-82—2005

8. 《混凝土强度检验评定标准》GB/T 50107—2010

9. 《混凝土用钢纤维》YB/T 151—1999

10. 《混凝土质量控制标准》GB 50164—2011

11. 《混凝土中掺用粉煤灰的技术规程》DBJ 01-10—93

12. 《建筑生石灰》JC/T 479—2013

13. 《普通混凝土拌合物性能试验方法标准》GB/T 50080—2002

14. 《普通混凝土长期性能和耐久性能试验方法标准》GB/T 50082—2009

15. 《普通混凝土力学性能试验方法标准》GB/T 50081—2002

16. 《普通混凝土配合比设计规程》JGJ 55—2011

17. 《商品混凝土质量管理规程》DBJ 01-6—90

18. 《纤维混凝土结构技术规程》CECS 38—2004

19. 《用于水泥和混凝土中的粉煤灰》GB/T 1596—2005

20. 《预拌混凝土》GB/T 14902—2012

21. 《预防混凝土结构工程碱集料反应规程》DBJ 01-95—2005

17. 砂浆类规范标准

砂浆类规范标准主要有3个。

1. 《建筑砂浆基本性能试验方法标准》JGJ/T 70—2009

2. 《砌筑砂浆配合比设计规程》JGJ/T 98—2010

3. 《预拌砂浆生产与应用技术规程》DB51/T 5060—2013

18. 砌墙砖类规范标准

砌墙砖类规范标准主要有6个。

1. 《混凝土砌块和砖试验方法》GB/T 4111—2013

2. 《普通混凝土小型砌块》GB/T 8239—2014

3. 《烧结多孔砖和多孔砌块》GB 13544—2011

4. 《烧结空心砖和空心砌块》GB/T 13545—2014

5. 《烧结普通砖》GB 5101—2003

6. 《装饰混凝土砌块》JC/T 641—2008

19. 路面砖类规范标准

路面砖类规范标准主要有3个。

1. 《城市道路混凝土路面砖》DB11/T 152—2003

2. 《普通混凝土用砂、石质量及检验方法标准》JGJ 52—2006

3. 《烧结普通砖》GB 5101—2003

20. 管道类规范标准

管道类规范标准主要有7个。

1. 《顶进施工法用钢筋混凝土排水管》JC/T 640—2010

2. 《混凝土和钢筋混凝土排水管》GB/T 11836—2009

3. 《混凝土和钢筋混凝土排水管试验方法》GB/T 16752—2006

4. 《建筑排水用硬聚氯乙烯（PVC—U）管材》GB/T 5836.1—2006

5. 《建筑排水用硬聚氯乙烯（PVC—U）管件》GB/T 5836.2—2006

6. 《雨水口井箅技术要求和试验方法》DB 11/053—1995

7. 《铸铁检查井盖》CJ/T 3012—1993

21. 模板类规范标准

模板类规范标准主要有4个。

1. 《钢框组合竹胶合板模板》JG/T 428—2014

2. 《水电水利工程模板施工规范》DL/T 5110—2013

3. 《竹胶合板模板》JG/T 156—2004

4. 《组合钢模板技术规范》GB/T 50214—2013

22. 安全文明施工与环境保护类法规及规范规程

安全文明施工与环境保护类法规及规范规程主要有31个。

1. 《安全防范工程技术规范》GB 50348—2004

2. 《北京地铁施工突发事故应急预案》

3. 《北京市建设工程安全生产重大事故及重大隐患处理规定》（京建施 [2006] 663号）

4. 《北京市建设工程生产安全事故责任认定若干规定》（京建施 [2006] 669号）

5. 《北京市建设工程施工现场安全监督工作规定》（京建施［2006］651号）

6. 《北京市建设工程施工现场环境保护标准》（京建施［2003］3号）

7. 《北京市建设工程施工现场生活区设置和管理标准》DBJ 01—72—2003

8. 《北京市建设工程夜间施工许可管理暂行规定》（京建施［2005］1115号）

9. 《北京市建设工程施工现场安全防护标准》（京建施［2003］1号）

10. 《北京市人民政府关于维护施工秩序减少施工噪声扰民的通知》（京政发［1996］8号）

11. 《北京市市政工程施工安全操作规程》DBJ 01-56—2001

12. 《北京市市政基础设施工程暗挖施工安全技术规程》DBJ 01-87—2005

13. 《城市容貌标准》GB 50449—2008

14. 《关于加强轨道交通工程设备安装及装饰装修施工安全质量管理的通知》（京建质［2006］1097号）

15. 《关于加强市政工程施工安全生产管理的通知》京建施［2006］1008号

16. 《建设工程安全监理规程》DBl 1/382—2006

17. 《建设工程施工现场安全防护、场容卫生、环境保护及保卫消防标准》DBJ 01-83—2003

18. 《建设工程施工现场安全资料管理规程》DBl 1/383—2006

19. 《建设工程施工现场供用电安全规范》GB 50194—2014

20. 《建筑拆除工程安全技术规范》JGJ 147—2004

21. 《建筑机械使用安全技术规程》JGJ 33—2012

22. 《建筑施工安全检查标准》JGJ 59—2011

23. 《建筑施工场界环境噪声排放标准》GB 12523—2011

24. 《建筑施工高处作业安全技术规范》JGJ 80—1991

25. 《建筑施工扣件式钢管脚手架安全技术规范》JGJ 130—2011

26. 《建筑施工门式钢管脚手架安全技术规范》JGJ 128—2010

27. 《建筑施工碗扣式钢管脚手架安全技术规范》JGJ 166—2008

28. 《龙门架及井架物料提升机安全技术规范》JGJ 88—2010

29. 《施工现场安全生产保证体系》DBJ 08-903—2003）

30. 《施工现场临时用电安全技术规范》JGJ 46—2005

31. 《消防安全疏散标志设置标准》DB 11/1024—2013

23. 工程监理类相关法规与规范规程

工程监理类相关法规与规范规程主要有8个。

1. 《北京市建设工程生产安全事故责任认定若干规定》（京建施［2006］669号）

2. 《工程建设监理规程》DBJ 01-41—2002

3. 《公路工程施工监理规范》JTGG 10—2006

4. 《公路建设监督管理办法》（交通部［2006］第6号令）

5. 《建设工程安全监理规程》DB 11382—2006

6. 《建设工程监理规范》GB/T 50319—2013

7. 《民用建筑工程节能质量监督管理办法》（建质［2006］192号）

8. 《水电工程建设监理规范》

参考文献

［1］ 朱维益. 砌体工程便携手册（第2版）［M］. 北京：机械工业出版社，2001.

［2］ 赵志缙，应惠清. 建筑施工（第4版）［M］. 上海：同济大学出版社，2004.

［3］ 白建国. 环境工程施工技术［M］. 北京：中国环境科学出版社，2007.

［4］ 李继业，王文旗，田洪臣，等. 建筑施工组织与管理［M］. 北京：科学出版社，2001.

［5］ 杨和礼，何亚伯. 土木工程施工［M］. 武汉：武汉大学出版社，2004.

［6］ 卢少忠，卢晓晔，胡淑芬. 塑料管道工程［M］. 北京：中国建材工业出版社，2004.

［7］ 任建喜. 土木工程概论［M］. 北京：机械工业出版社，2011.

［8］ 陈晋中. 建筑施工技术［M］. 北京：北京理工大学出版社，2013.

［9］ 重庆大学，同济大学，哈尔滨工业大学. 土木工程施工［M］. 北京：中国建筑工业出版社，2002.

［10］ 张伟，洪树生，孙刚，等. 建筑施工实训指导［M］. 北京：科学出版社，2003.

［11］ 张厚先，王志清. 建筑施工技术（第2版）［M］. 北京：机械工业出版社，2008.

［12］ 侯永利. 砌筑工［M］. 北京：化学工业出版社，2007.

［13］ 高光智，陈辅利，赵志伟. 城市给水排水工程概论［M］. 北京：科学出版社，2010.

［14］ 姜晨光. 建筑工地实用技术手册［M］. 北京：化学工业出版社，2010.

［15］ 宁宝宽，黄志强，白泉，等. 土木工程施工［M］. 北京：化学工业出版社，2011.

［16］ 万东颖. 施工员专业基础知识［M］. 北京：中国电力出版社，2011.

［17］ 蒋柱武，黄天寅. 给排水管道工程［M］. 上海：同济大学出版社，2011.

［18］ 徐勇戈. 施工项目管理［M］. 北京：科学出版社，2011.

［19］ 蔡红新，李伟. 建筑施工组织设计实务［M］. 北京：北京理工大学出版社，2011.

［20］《建筑施工手册》（第五版）编委会. 建筑施工手册（第五版）［M］. 北京：中国建筑工业出版社，2013.

［21］ 刘晓立，邓庆阳，刘润. 土力学与地基基础［M］. 北京：科学出版社，2003.

［22］ 邹积亭. 建筑测量学［M］. 北京：中国建筑工业出版社，2009.

［23］ 张正禄. 工程测量学［M］. 武汉：武汉大学出版社，2002.

［24］ 陈秀忠. 工程测量［M］. 北京：清华大学出版社，2013.

［25］ 徐家铮. 建筑施工组织与管理［M］. 北京：中国建筑工业出版社，2003.

［26］ 韩同银，李明. 建筑施工项目管理［M］. 北京：机械工业出版社，2012.

［27］ 蒋白懿，李亚峰. 给水排水管道设计计算与安装［M］. 北京：化学工业出版社，2005.

［28］ 蒋玉翠. 工业管道工程概预算手册［M］. 北京：中国建筑工业出版社，2003.

［29］ 常建立，赵占军. 建筑工程施工技术（下）［M］. 北京：北京理工大学出版社，2011.

［30］ 同济大学经济管理学院，天津大学管理学院. 建筑施工组织学［M］. 北京：中国建筑工业出版社，1997.